Sammlung Göschen Band 1110

Formelsammlung zur praktischen Mathematik

Von

Dr. habil. Günther Schulz

apl. Professor an der Technischen Hochschule Berlin

Mit 10 Abbildungen

Durchgesehener Neudruck

Walter de Gruyter & Co.

vormals G. J. Göschen'sche Verlagshandlung · J. Guttentag, Verlagsbuchhandlung · Georg Reimer · Karl J. Trübner · Veit & Comp.

Berlin 1945

Archiv-Nr. 11 11 10
Druck von Walter de Gruyter & Co., Berlin W 35
Printed in Germany

Inhaltsverzeichnis.

Sämtliche vorkommenden Größen sind, wenn es nicht ausdrücklich anders angegeben ist, als reell vorausgesetzt. Die vorkommenden Funktionen sollen innerhalb eines abgeschlossenen Bereichs endlich, eindeutig, reellwertig und stetig sein sowie dort Ableitungen genügend hoher Ordnung besitzen.

I. Abschnitt.

Allgemeine Hilfsmittel.

§ 1. Zahlenwerte.

1. *Binomialkoeffizienten.*

$$\binom{n}{\nu} = \binom{n}{n-\nu} = \frac{n!}{(n-\nu)!\,\nu!}; \quad \binom{n}{0} = \binom{n}{n} = 1; \quad \binom{n}{1} = n\,.$$

n	$\binom{n}{2}$	$\binom{n}{3}$	$\binom{n}{4}$	$\binom{n}{5}$	$\binom{n}{6}$	$\binom{n}{7}$	$\binom{n}{8}$
6	15	20	15	6	1	—	—
7	21	35	35	21	7	1	—
8	28	56	70	56	28	8	1
9	36	84	126	126	84	36	9
10	45	120	210	252	210	120	45
11	55	165	330	462	462	330	165
12	66	220	495	792	924	792	495
13	78	286	715	1287	1716	1716	1287
14	91	364	1001	2002	3003	3432	3003
15	105	455	1365	3003	5005	6435	6435
16	120	560	1820	4368	8008	11440	12870

2. *Fakultäten* und ihre dekadischen Logarithmen.

n	$n!$	$\log_{10} n!$
2	2	0,301 030 0
3	6	0,778 151 3
4	24	1,380 211 2
5	120	2,079 181 2
6	720	2,857 332 5
7	5 040	3,702 430 5

n	$n!$	$\log_{10} n!$
8	40 320	4,605 520 5
9	362 880	5,559 763 0
10	3 628 800	6,559 763 0
11	39 916 800	7,601 155 7
12	479 001 600	8,680 337 0
13	6 227 020 800	9,794 280 3
14	87 178 291 200	10,940 408 4

3. *Summen* $S_m^{(k)} = \sum\limits_{\mu=-m}^{m} \mu^k$.

m	$S_m^{(2)}$	$S_m^{(4)}$	$S_m^{(6)}$	$S_m^{(8)}$	$S_m^{(10)}$
1	2	2	2	2	2
2	10	34	130	514	2050
3	28	196	1588	13636	120148
4	60	708	9780	144708	2217300
5	110	1958	41030	925958	21748550
6	182	4550	134342	4285190	142680902
7	280	9352	369640	15814792	707631400
8	408	17544	893928	49369224	2855115048

4. *Bernoullische Zahlen.* Diese Zahlen sind durch die symbolische Gleichung

$$(B+1)^n - B^n = 0, \quad n = 2, 3, 4, \ldots; \quad B_0 = 1$$

derart definiert, daß nach Ausführung der n-ten Potenz des Binoms B^ν durch B_ν zu ersetzen ist. Für $n = 2$ und $n = 3$ erhält man beispielsweise

$$2B_1 + 1 = 0 \qquad \text{und} \qquad 3B_2 + 3B_1 + 1 = 0\,.$$

Die Werte der Bernoullischen Zahlen sind sämtlich rational.

$B_0 = 1,\ B_1 = -\frac{1}{2},\ B_2 = \frac{1}{6},\ B_3 = 0,\ B_4 = -\frac{1}{30},$
$B_5 = B_7 = B_9 = B_{11} = B_{13} = \cdots = 0,$
$B_6 = \frac{1}{42},\ B_8 = -\frac{1}{30},\ B_{10} = \frac{5}{66},\ B_{12} = -\frac{691}{2730},\ B_{14} = \frac{7}{6}, \ldots$

Die Numerierung ist bisweilen von der obigen abweichend, indem $B_0, B_1, B_3, B_5, B_7, \ldots$ überhaupt nicht eingeführt werden und $B_{2\nu}$ $(\nu = 1, 2, 3, \ldots)$ mit $(-1)^{\nu-1} B_\nu$ bezeichnet wird.

5. *Eulersche Zahlen.* Diese Zahlen sind durch die symbolische Gleichung

$$(E+1)^n + (E-1)^n = 0, \quad n = 1, 2, 3, \ldots; \qquad E_0 = 1$$

derart definiert, daß nach Ausführung der n-ten Potenz der Binome E^ν durch E_ν zu ersetzen ist. Die Werte der Eulerschen Zahlen sind sämtlich ganzzahlig.

$$E_0 = 1, \quad E_2 = -1, \quad E_4 = 5, \quad E_6 = -61, \quad E_8 = 1385,$$
$$E_{10} = -50521, \quad E_{12} = 2\,702\,765, \ldots, E_1 = E_3 = E_5 = \cdots = 0.$$

6. *Weitere Konstanten.*

$$\sqrt{2} = 1{,}414\,213\,562\,4$$
$$\sqrt{3} = 1{,}732\,050\,807\,6$$
$$\sqrt{10} = 3{,}162\,277\,660\,2$$
$$\sqrt[3]{2} = 1{,}259\,921\,049\,9$$
$$\sqrt[3]{10} = 2{,}154\,434\,690\,0$$
$$\sqrt[3]{100} = 4{,}641\,588\,833\,6$$
$$\log_{10} 2 = 0{,}301\,029\,995\,7$$
$$\log_e 2 = 0{,}693\,147\,180\,6$$
$$\log_e 10 = 2{,}302\,585\,093\,0$$
$$e = 2{,}718\,281\,828\,5$$
$$\frac{1}{e} = 0{,}367\,879\,441\,2$$
$$e^2 = 7{,}389\,056\,098\,9$$
$$\frac{1}{e^2} = 0{,}135\,335\,283\,2$$
$$\sqrt{e} = 1{,}648\,721\,270\,7$$
$$\log_{10} e = 0{,}434\,294\,481\,9$$

$$\log_{10}\log_{10} e = 9{,}637\,784\,311\,3 \quad -10$$
$$\pi = 3{,}141\,592\,653\,6$$
$$\frac{1}{\pi} = 0{,}318\,309\,886\,2$$
$$\pi^2 = 9{,}869\,604\,401\,1$$
$$\frac{1}{\pi^2} = 0{,}101\,321\,183\,6$$
$$\sqrt{\pi} = 1{,}772\,453\,850\,9$$
$$\frac{1}{\sqrt{\pi}} = 0{,}564\,189\,583\,5$$
$$\sqrt{2\pi} = 2{,}506\,628\,274\,6$$
$$\frac{1}{\sqrt{2\pi}} = 0{,}398\,942\,280\,4$$
$$\sqrt{\frac{\pi}{2}} = 1{,}253\,314\,137\,3$$
$$\sqrt{\frac{2}{\pi}} = 0{,}797\,884\,560\,8$$
$$\sqrt[3]{\pi} = 1{,}464\,591\,887\,6$$
$$\frac{1}{\sqrt[3]{\pi}} = 0{,}682\,784\,063\,3$$
$$\log_{10}\pi = 0{,}497\,149\,872\,7$$
$$\log_e \pi = 1{,}144\,729\,885\,8$$
$$1 = \operatorname{arc} \quad 57^0\,17'\,44'',806\,247$$
$$= \operatorname{arc} \quad 57^0,295\,779\,513\,1$$
$$= \operatorname{arc} \quad 3\,437',746\,770\,78$$
$$= \operatorname{arc}\ 206\,264'',806\,247$$
$$\operatorname{arc} 1^0 = 0{,}017\,453\,292\,52$$
$$\operatorname{arc} 1' = 0{,}000\,290\,888\,208\,7$$
$$\operatorname{arc} 1'' = 0{,}000\,004\,848\,136\,811$$
$$C = 0{,}577\,215\,664\,9 \text{ (Eulersche Konstante)}$$

§ 2. Unendliche Reihen.

7. *Taylorscher Lehrsatz*: Ist die Funktion $f(x)$ in einem Intervall mindestens n-mal differentiierbar und sind x und $x+h$ bzw. x und a zwei diesem Intervall angehörende Stellen, dann gilt

$$(1)\quad \begin{cases} f(x+h) = f(x) + \frac{1}{1!}hf'(x) + \frac{1}{2!}h^2 f''(x) + \frac{1}{3!}h^3 f'''(x) \\ \quad + \cdots + \frac{1}{(n-1)!}h^{n-1}f^{(n-1)}(x) + \frac{1}{n!}h^n f^{(n)}(x+\vartheta h), \\ \quad 0 < \vartheta < 1, \end{cases}$$

oder in anderer Form

$$(2)\quad \begin{cases} f(x) = f(a) + \frac{1}{1!}(x-a)f'(a) + \frac{1}{2!}(x-a)^2 f''(a) + \cdots \\ \quad + \frac{1}{(n-1)!}(x-a)^{n-1}f^{(n-1)}(a) + \frac{1}{n!}(x-a)^n f^{(n)}(\xi), \\ \quad \xi = a + \vartheta(x-a), \quad 0 < \vartheta < 1. \end{cases}$$

Wenn das Restglied

$$R_n = \frac{1}{n!}(x-a)^n f^{(n)}(\xi)$$

die Eigenschaft hat, daß $\lim\limits_{n\to\infty} R_n = 0$ ist, dann ist die unbegrenzt fortgesetzte rechts stehende Reihe konvergent und hat $f(x)$ zur Summe.

Im Falle zweier Veränderlichen lautet (1)

$$(3)\quad \begin{cases} f(x+h, y+k) = f(x,y) + \frac{1}{1!}\left(h\frac{\partial}{\partial x} + k\frac{\partial}{\partial y}\right) f(x,y) \\ \quad + \frac{1}{2!}\left(h\frac{\partial}{\partial x} + k\frac{\partial}{\partial y}\right)^{(2)} f(x,y) + \cdots \\ \quad + \frac{1}{(n-1)!}\left(h\frac{\partial}{\partial x} + k\frac{\partial}{\partial y}\right)^{(n-1)} f(x,y) \\ \quad + \frac{1}{n!}\left(h\frac{\partial}{\partial x} + k\frac{\partial}{\partial y}\right)^{(n)} f(x+\vartheta h, y+\vartheta k), \\ \quad 0 < \vartheta < 1. \end{cases}$$

Die Klammern $\left(h\frac{\partial}{\partial x}+k\frac{\partial}{\partial y}\right)^{(\nu)}$ sind formal nach dem binomischen Lehrsatz zu entwickeln; beispielsweise ist

$$\left(h\frac{\partial}{\partial x}+k\frac{\partial}{\partial y}\right)^{(2)}=h^2\frac{\partial^2}{\partial x^2}+2hk\frac{\partial^2}{\partial x\partial y}+k^2\frac{\partial^2}{\partial y^2}.$$

8. *Potenzreihen.* Der Konvergenzradius der Potenzreihe $\sum_n a_n x^n$ ist

$$r=\frac{1}{\limsup\sqrt[n]{|a_n|}}.$$

Multiplikation von Potenzreihen. Es ist

$$\sum_{n=0}^{\infty}a_n x^n\cdot\sum_{n=0}^{\infty}b_n x^n=\sum_{n=0}^{\infty}c_n x^n$$

mit

$$c_n=a_0b_n+a_1b_{n-1}+\cdots+a_nb_0$$

für alle x die im Innern der Konvergenzkreise der *beiden* links stehenden Reihen liegen.

Division von Potenzreihen. Ist

$$\sum_{n=0}^{\infty}b_n x^n=\frac{1}{\sum_{n=0}^{\infty}a_n x^n},\qquad a_0\neq 0,$$

dann bestimmen sich die b_n nach einander aus den Gleichungen

$$\begin{aligned}&a_0b_0=1,\\&a_0b_1+a_1b_0=0,\\&a_0b_2+a_1b_1+a_2b_0=0,\\&a_0b_3+a_1b_2+a_2b_1+a_3b_0=0,\\&\dots\dots\dots\dots\dots\dots\end{aligned}$$

Umkehrung einer Potenzreihe. Es sei

$$y=a_0+a_1(x-x_0)+a_2(x-x_0)^2+\cdots,\quad a_1\neq 0.$$

Man setzt

$$y-a_0=\eta,\qquad a_1(x-x_0)=\xi,\qquad \frac{a_\nu}{a_1^\nu}=\alpha_\nu\quad(\text{für }\nu\geqq 2)$$

und erhält

$$\eta = \xi + \alpha_2 \xi^2 + \alpha_3 \xi^3 + \cdots$$

Die Koeffizienten $\beta_2, \beta_3, \ldots$ der Umkehrung

$$\xi = \eta + \beta_2 \eta^2 + \beta_3 \eta^3 + \cdots$$

sind

$$\beta_2 = -\alpha_2 ,$$
$$\beta_3 = 2\alpha_2^2 - \alpha_3 ,$$
$$\beta_4 = -5\alpha_2^3 + 5\alpha_2\alpha_3 - \alpha_4 ,$$
$$\cdots\cdots\cdots\cdots\cdots\cdots$$

9. *Binomische Reihen.*

$$(1+x)^\alpha = \sum_{n=0}^{\infty} \binom{\alpha}{n} x^n, \quad |x| < 1, \quad \alpha \text{ beliebig reell.}$$

Insbesondere gilt

$$\frac{1}{1 \pm x} = 1 \mp x + x^2 \mp x^3 + x^4 \mp \cdots,$$

$$\sqrt{1 \pm x} = 1 \pm \tfrac{1}{2} x - \tfrac{1}{8} x^2 \pm \tfrac{1}{16} x^3 - \tfrac{5}{128} x_4 \pm \cdots,$$

$$\frac{1}{\sqrt{1 \pm x}} = 1 \mp \tfrac{1}{2} x + \tfrac{3}{8} x^2 \mp \tfrac{5}{16} x^3 + \tfrac{35}{128} x^4 \mp \cdots$$

Hieraus folgen die Näherungsformeln für $\varepsilon \ll 1$, $\eta \ll 1$, $b \ll a$

$$(1 \pm \varepsilon)^n \approx 1 \pm n\varepsilon ,$$

$$\frac{1}{1 \pm \varepsilon} \approx 1 \mp \varepsilon, \quad \sqrt{1 \pm \varepsilon} \approx 1 \pm \tfrac{1}{2} \varepsilon, \quad \frac{1}{\sqrt{1 \pm \varepsilon}} \approx 1 \mp \tfrac{1}{2} \varepsilon ,$$

$$(1 \pm \varepsilon)(1 \pm \eta) \approx 1 \pm \varepsilon \pm \eta, \quad \frac{1 \pm \varepsilon}{1 \pm \eta} \approx 1 \pm \varepsilon \mp \eta ,$$

$$\sqrt{a^2 \pm b} \approx a \pm \frac{b}{2a}, \quad \sqrt[3]{a^3 \pm b} \approx a \pm \frac{b}{3a^2}.$$

10. *Exponentialreihen und logarithmieche Reihen.*

$$e^x = \sum_{n=0}^{\infty} \frac{x^n}{n!} , \qquad |x| < \infty ,$$

$$\frac{x}{e^x - 1} = \sum_{n=0}^{\infty} \frac{B_n}{n!} x^n , \qquad |x| < 2\pi.$$

Die B_ν sind die Bernoullischen Zahlen, vgl. **4.**

$$\log_e(1+x) = \sum_{n=1}^{\infty} \frac{(-1)^{n-1}}{n} x^n, \qquad |x| < 1,$$

$$\log_e \frac{1+x}{1-x} = 2 \sum_{n=0}^{\infty} \frac{x^{2n+1}}{2n+1}, \qquad |x| < 1.$$

11. Reihen für die *Kreisfunktionen* und ihre Umkehrfunktionen.

$$\sin x = \sum_{n=0}^{\infty} (-1)^n \frac{x^{2n+1}}{(2n+1)!}, \qquad |x| < \infty,$$

$$\cos x = \sum_{n=0}^{\infty} (-1)^n \frac{x^{2n}}{(2n)!}, \qquad |x| < \infty,$$

$$\operatorname{tg} x = \sum_{n=1}^{\infty} (-1)^{n-1} \frac{2^{2n}(2^{2n}-1) B_{2n}}{(2n)!} x^{2n-1}, \quad |x| < \frac{\pi}{2},$$

$$= x + \tfrac{1}{3} x^3 + \tfrac{2}{15} x^5 + \tfrac{17}{315} x^7 + \dots,$$

$$x \operatorname{ctg} x = \sum_{n=0}^{\infty} (-1)^n \frac{2^{2n} B_{2n}}{(2n)!} x^{2n}, \qquad |x| < \pi,$$

$$= 1 - \tfrac{1}{3} x^2 - \tfrac{1}{45} x^4 - \tfrac{2}{945} x^6 - \dots,$$

$$\sec x = \sum_{n=0}^{\infty} (-1)^n \frac{E_{2n}}{(2n)!} x^{2n}, \qquad |x| < \frac{\pi}{2},$$

$$x \operatorname{cosec} x = 1 - \sum_{n=1}^{\infty} (-1)^n \frac{2(2^{2n-1}-1) B_{2n}}{(2n)!} x^{2n}, \quad |x| < \pi,$$

$$\operatorname{arc\,sin} x = x + \sum_{n=1}^{\infty} \frac{1 \cdot 3 \cdot 5 \cdots (2n-1)}{2 \cdot 4 \cdot 6 \cdots 2n} \frac{x^{2n+1}}{2n+1}, \qquad |x| < 1,$$

$$\operatorname{arc\,tg} x = \sum_{n=0}^{\infty} (-1)^n \frac{x^{2n+1}}{2n+1}, \qquad |x| < 1.$$

Die B_ν und E_ν sind die Bernoullischen bzw. Eulerschen Zahlen, vgl. **4** und **5.**

Für $\varepsilon \ll 1$ bzw. $\varepsilon \ll x$ gilt näherungsweise

$\sin \varepsilon \approx \varepsilon - \frac{1}{6}\varepsilon^3, \quad \cos \varepsilon \approx 1 - \frac{1}{2}\varepsilon^2, \quad \operatorname{tg} \varepsilon \approx \varepsilon + \frac{1}{3}\varepsilon^3,$

$$\sin(x+\varepsilon) \approx \sin x + \varepsilon \cos x,$$
$$\cos(x+\varepsilon) \approx \cos x - \varepsilon \sin x,$$
$$\operatorname{tg}(x+\varepsilon) \approx \operatorname{tg} x + \frac{\varepsilon}{\cos^2 x}.$$

12. Reihen für die *Hyperbelfunktionen* und ihre Umkehrfunktionen.

$$\mathfrak{Sin}\, x = \sum_{n=0}^{\infty} \frac{x^{2n+1}}{(2n+1)!}, \qquad |x| < \infty,$$

$$\mathfrak{Cof}\, x = \sum_{n=0}^{\infty} \frac{x^{2n}}{(2n)!}, \qquad |x| < \infty,$$

$$\mathfrak{Tg}\, x = \sum_{n=1}^{\infty} \frac{2^{2n}(2^{2n}-1)B_{2n}}{(2n)!} x^{2n-1}, \qquad |x| < \frac{\pi}{2},$$

$$x\,\mathfrak{Ctg}\, x = \sum_{n=0}^{\infty} \frac{2^{2n} B_{2n}}{(2n)!} x^{2n}, \qquad |x| < \pi,$$

$$\mathfrak{Sek}\, x = \sum_{n=0}^{\infty} \frac{E_{2n}}{(2n)!} x^{2n}, \qquad |x| < \frac{\pi}{2},$$

$$x\,\mathfrak{Cofek}\, x = 1 - \sum_{n=1}^{\infty} \frac{2(2^{2n-1}-1)B_{2n}}{(2n)!} x^{2n}, \qquad |x| < \pi,$$

$$\mathfrak{Ar\,Sin}\, x = x + \sum_{n=1}^{\infty} (-1)^n \frac{1\cdot 3\cdot 5\cdots(2n-1)}{2\cdot 4\cdot 6\cdots 2n} \frac{x^{2n+1}}{2n+1}, \quad |x| < 1,$$

$$\mathfrak{Ar\,Tg}\, x = \sum_{n=0}^{\infty} \frac{x^{2n+1}}{2n+1}, \qquad |x| < 1.$$

Die B_ν und E_ν sind die Bernoullischen bzw. Eulerschen Zahlen, vgl. 4 und 5.

13. Die *Stirlingsche Formel.* Für den natürlichen Logarithmus der Gammafunktion gilt

$$\log_e \Gamma(x+1) = (x+\tfrac{1}{2}) \log_e x - x + \log_e \sqrt{2\pi}$$
$$+ \sum_{\nu=1}^{n} \frac{B_{2\nu}}{(2\nu-1)\cdot 2\nu} \cdot \frac{1}{x^{2\nu-1}} + \frac{\vartheta B_{2n+2}}{(2n+1)(2n+2)} \cdot \frac{1}{x^{2n+1}},$$
$$0 < \vartheta < 1.$$

Die B_ν sind die Bernoullischen Zahlen, vgl. 4. Die Reihe auf der rechten Seite ist für $n \to \infty$ nicht konvergent. Für ganzzahliges x folgt die Stirlingsche Formel

$$\Gamma(x+1) = x! \approx \sqrt{2\pi x}\, x^x e^{-x}.$$

Literatur zu Abschn. I, § 2:

K. Knopp, Theorie und Anwendung der unendlichen Reihen. 3. Aufl., Berlin 1931.

C. Runge, Theorie und Praxis der Reihen, Leipzig 1904.

§ 3. Fehlerbetrachtungen.

14. Ist x der *wahre Wert* einer Größe, ξ ein (durch Messung oder Abrundung erhaltener) *Näherungswert*, dann heißt

$$\Delta = \xi - x$$

der *absolute Fehler;* $x - \xi$ ist also die *Korrektur*, die an ξ angebracht werden muß, um x zu erhalten.

$$\delta = \left|\frac{x-\xi}{x}\right| \approx \left|\frac{x-\xi}{\xi}\right|$$

heißt der *relative Fehler*. Er soll stets positiv gerechnet werden. Dabei ist $|\Delta| \ll |x|$, $|\Delta| \ll |\xi|$ vorausgesetzt.

Ist $y = f(x_1, x_2, \ldots, x_n)$ eine Funktion von n voneinander unabhängigen Veränderlichen $x_1, x_2, \ldots, x_n$ und ändert sich x_1 um Δx_1, x_2 um $\Delta x_2, \ldots, x_n$ um Δx_n, dann gilt für die Änderung Δy von y näherungsweise

$$(1) \qquad \Delta y \approx \frac{\partial f}{\partial x_1}\Delta x_1 + \frac{\partial f}{\partial x_2}\Delta x_2 + \cdots + \frac{\partial f}{\partial x_n}\Delta x_n.$$

Die partiellen Differentialquotienten sind an einer beliebigen Stelle des Bereichs

$$x_1 \ldots x_1 + \Delta x_1, \quad x_2 \ldots x_2 + \Delta x_2, \ldots, x_n \ldots x_n + \Delta x_n$$

zu nehmen. Ist nur eine unabhängige Veränderliche vorhanden, so gilt

$$(2) \qquad y = f(x), \quad \Delta y \approx f' \cdot \Delta x.$$

Die Ableitung f' von $f(x)$ ist an einer beliebigen Stelle des Intervalls $x \cdots x + \Delta x$ zu nehmen.

Sind $x_1, x_2, \ldots, x_n$ wahre Werte, $\xi_1, \xi_2, \ldots \xi_n$ Näherungswerte und $|\Delta x_1|, |\Delta x_2|, \ldots, |\Delta x_n|$ die Absolutbeträge der absoluten Fehler oder obere Schranken von ihnen, dann gilt näherungsweise für den absoluten Fehler von y

$$(3)\quad |\Delta y| \leqq \left|\frac{\partial f}{\partial x_1}\right| \cdot |\Delta x_1| + \left|\frac{\partial f}{\partial x_2}\right| \cdot |\Delta x_2| + \cdots + \left|\frac{\partial f}{\partial x_n}\right| \cdot |\Delta x_n|.$$

Die partiellen Differentialquotienten können dabei an der Stelle $\xi_1, \xi_2, \ldots, \xi_n$ genommen werden. Die durch $f(\xi_1, \xi_2, \ldots, \xi_n)$ dividierte rechte Seite von (3) gibt näherungsweise eine obere Schranke für den relativen Fehler δy von y. Für eine einzige unabhängige Veränderliche gilt näherungsweise

$$(4)\quad y = f(x),\quad |\Delta y| \leqq |f'(\xi)| \cdot |\Delta x|,\quad \delta y \leqq \left|\frac{f'(\xi)}{f(\xi)}\right| \cdot |\Delta x|.$$

15. Für genügend kleine relative Fehler gilt angenähert: Der *relative Fehler eines Produktes* ist höchstens gleich der Summe der relativen Fehler der Faktoren,

$$(5)\quad y = x_1 x_2 \cdots x_n,\qquad \delta y \leqq \delta x_1 + \delta x_2 + \cdots + \delta x_n.$$

Der *relative Fehler eines Quotienten* ist höchstens gleich der Summe der relativen Fehler von Zähler und Nenner,

$$(6)\qquad y = \frac{x_1}{x_2},\qquad \delta y \leqq \delta x_1 + \delta x_2.$$

Sonderfälle von (4) sind

$$(7)\qquad y = c x^k,\qquad \delta y = |k| \cdot \delta x,$$

$$(8)\qquad y = c \sqrt[k]{x},\qquad \delta y = \frac{1}{k} \cdot \delta x,$$

$$(9)\qquad y = c \log_b x,\qquad |\Delta y| = \frac{c}{\log_e b} \cdot \delta x,$$

$$(10)\qquad y = c b^x,\qquad \delta y = |\log_e b| \cdot |\Delta x|.$$

In (9) und (10) bezeichnet $\log_b$ den Logarithmus zu einer beliebigen Basis b, $\log_e$ den natürlichen Logarithmus. Es ist $\log_e b \approx 2{,}30 \log_{10} b$ und $\log_e 10 \approx 2{,}30$.

Über *mittlere Fehler* und ihre Fortpflanzung vgl. Abschn. II (Ausgleichsrechnung), § 1, 26.

§ 4. Der logarithmische Rechenstab.

16. Die beiden oberen Skalen des Rechenstabs seien mit A, B, die beiden unteren mit C, D bezeichnet. Um die Skalenpunkte eindeutig bezeichnen zu können, denke man sich die Punkte der Skalen A und B mit $1, 2, \ldots, 10, 20, \ldots, 100$ beziffert. $Aa \mid Bb$ bedeute das Übereinanderstehen des Punktes a der A-Skala und des Punktes b der B-Skala. Auf die sin- und tg-Skalen wird hier nicht eingegangen, da sie bei den einzelnen Ausführungen verschieden eingerichtet sind.

17. *Zunge in normaler Lage.* Für die Skalenwerte, die bei der angegebenen Einstellung an einer beliebigen Stelle des Stabes $Aa \mid Bb \mid Cc \mid Dd$ übereinanderstehen, gelten die folgenden Beziehungen:

a) Einstellung: $A\alpha \mid B1 \mid C1 \mid D\delta$.

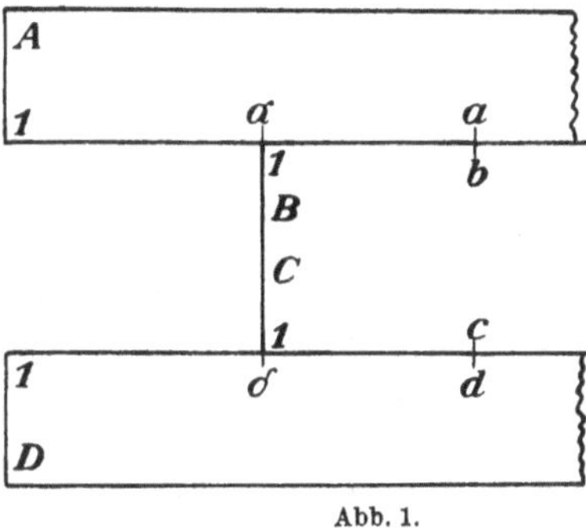

Abb. 1.

$$\left.\begin{aligned} \frac{a}{b} &= \alpha, & \frac{d}{c} &= \delta \\ \frac{a}{c^2} &= \alpha, & \frac{\sqrt{a}}{c} &= \delta \\ \frac{d^2}{b} &= \alpha, & \frac{d}{\sqrt{b}} &= \delta \end{aligned}\right\} \text{ mit } \alpha = \delta^2.$$

b) Einstellung: $A\alpha \mid B100 \mid C10 \mid D\delta$.

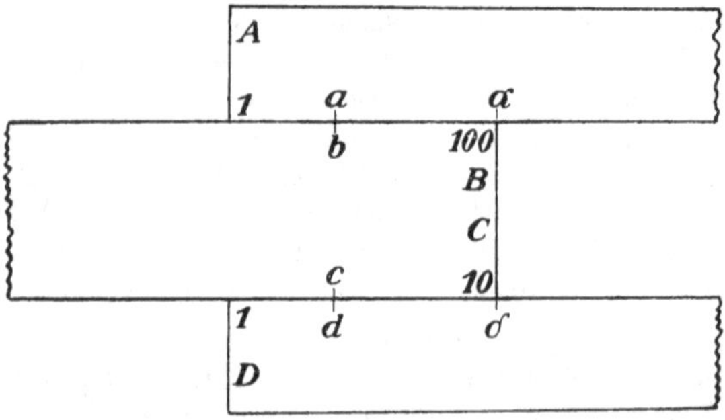

Abb. 2.

$$\left.\begin{array}{ll} \frac{a}{b} = \frac{\alpha}{100}, & \frac{d}{c} = \frac{\delta}{10} \\ \frac{a}{c^2} = \frac{\alpha}{100}, & \frac{\sqrt{a}}{c} = \frac{\delta}{10} \\ \frac{d^2}{b} = \frac{\alpha}{100}, & \frac{d}{\sqrt{b}} = \frac{\delta}{10} \end{array}\right\} \text{mit } \alpha = \delta^2.$$

Mit einer einzigen Einstellung kann man so zusammengehörige x- und y-Werte von Funktionen der Gestalt

$$y = \text{const} \cdot x, \quad y = \text{const} \cdot x^2, \quad y = \text{const} \cdot \sqrt{x}$$

ablesen.

Beispiel: Es sind zusammengehörige Werte der Funktion $y = 2{,}25\sqrt{x}$ zu ermitteln. Man liest x auf der B-Skala und y auf der D-Skala ab und stellt $B\,1 \mid D\,2{,}25$ ein.

Es ergibt sich

$x =$	1	2	3	4	5	12,3
$y =$	2,25	3,18	3,90	4,50	5,04	7,90

usf. Stellt man $B\,100 \mid D\,2{,}25$ ein, so ergibt sich weiter

$x =$	20	24	28	55	95,5
$y =$	10,07	11,02	11,90	16,7	22,0

18. *Zunge in umgekehrter Lage.* (Dies ist durch die Bezeichnung ᗺ und Ɔ der beiden mittleren Skalen angedeutet.) Für die Skalenwerte, die bei der angegebenen Einstellung an einer beliebigen Stelle des Stabes Aa | Ɔc | ᗺb | Dd übereinanderstehen, gelten die folgenden Beziehungen:

a) Einstellung: $A\alpha$ | Ɔ1 | ᗺ1 | $D\delta$.

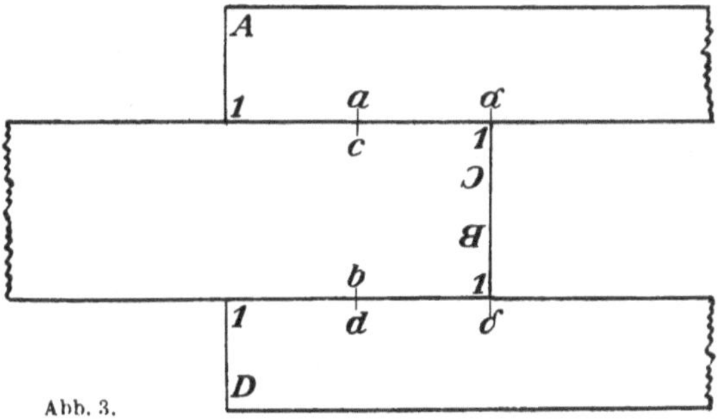

Abb. 3.

$$\left.\begin{aligned} ab &= \alpha, & cd &= \delta \\ ac^2 &= \alpha, & \sqrt{a}\,c &= \delta \\ bd^2 &= \alpha, & \sqrt{b}\,d &= \delta \end{aligned}\right\} \text{ mit } \alpha = \delta^2.$$

b) Einstellung: $A\alpha$ | Ɔ10 | ᗺ100 | $D\delta$.

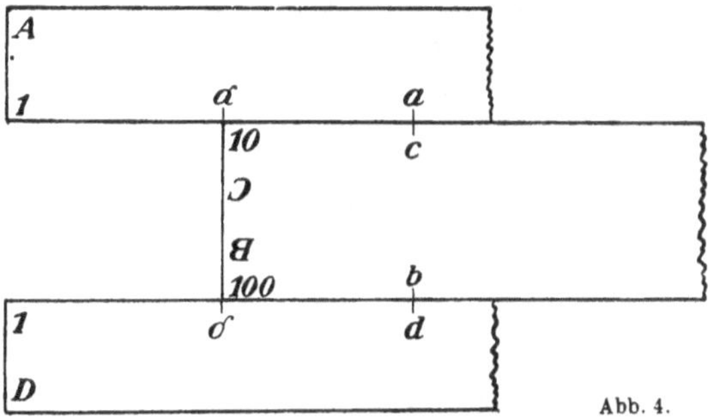

Abb. 4.

$$\left.\begin{array}{ll} ab = 100\alpha, & cd = 10\delta \\ ac^2 = 100\alpha, & \sqrt{a}\,c = 10\delta \\ bd^2 = 100\alpha, & \sqrt{b}\,d = 10\delta \end{array}\right\} \text{ mit } \alpha = \delta^2.$$

Mit einer einzigen Einstellung kann man so zusammengehörige x- und y-Werte von Funktionen der Gestalt

$$y = \frac{\text{const}}{x}, \quad y = \frac{\text{const}}{x^2}, \quad y = \frac{\text{const}}{\sqrt{x}}$$

ablesen.

Beispiel: Es sind zusammengehörige Werte der Funktion $y = \frac{131}{x^2}$ zu ermitteln. Man liest x auf der $\mathfrak{D}$-Skala und y auf der A-Skala ab und stellt $\mathfrak{D}$ 10 | A 1,31 ein. Es ergibt sich

$x =$	2	3	4	5	6	8,65
$y =$	32,8	14,6	8,20	5,24	3,64	1,755

usf. Stellt man $\mathfrak{D}$ 1 | A 1,31 (oder $\mathfrak{D}$ 1 | A 13,1) ein, so ergibt sich weiter

$x =$	1,1	10,5
$y =$	108,2	1,19

Literatur zu Abschn. I, § 4:

A. Rohrberg, Theorie und Praxis des logarithmischen Rechenschiebers (Math.-phys. Bibl. Bd. 23), 3. Aufl., Leipzig und Berlin 1925.

L. v. Schrutka, Theorie und Praxis des logarithmischen Rechenschiebers, 2. Aufl., Leipzig und Wien 1929.

§ 5. Nomographie.

19. Die *Nomographie* behandelt die graphische Darstellung eines funktionalen Zusammenhangs zwischen zwei, drei und mehr Veränderlichen. Die wichtigsten Typen der Nomogramme sind *Netztafeln* und *Fluchtentafeln.* Die Veränderlichen, deren Zusammenhang dargestellt werden soll, werden — wie es vielfach üblich ist — hier mit griechischen Buchstaben $\alpha, \beta, \gamma, \ldots$ bezeichnet.

20. *Netztafeln.* Im Falle *dreier Veränderlicher* wird die darzustellende Beziehung $F(\alpha, \beta, \gamma) = 0$ derart durch drei andere

$$(1) \qquad \varphi(x, y, \alpha) = 0, \quad \psi(x, y, \beta) = 0, \quad \chi(x, y, \gamma) = 0$$

ersetzt, daß die Elimination von x und y aus diesen drei Gleichungen gerade $F(\alpha, \beta, \gamma) = 0$ ergibt. $\varphi = 0$ stellt in einem rechtwinkligen x-y-Hilfskoordinatensystem, das man nur zur Konstruktion, aber nicht bei der Benutzung des Nomogramms braucht, eine bezifferte Kurvenschar dar; jede Kurve ist durch einen Wert des Scharparameters α bestimmt. Entsprechendes gilt für $\psi = 0$ und $\chi = 0$. Geht durch einen Punkt der Zeichenebene die Kurve α_0 der α-Schar, die Kurve β_0 der β-Schar und die Kurve γ_0 der γ-Schar hindurch, so erfüllen die drei Parameterwerte $\alpha_0, \beta_0, \gamma_0$ die Gleichung $F(\alpha_0, \beta_0, \gamma_0) = 0$. Ein und dieselbe Beziehung $F(\alpha, \beta, \gamma) = 0$ kann auf vielfache Weise dargestellt werden. Man bevorzugt Darstellungen, in denen die Kurvenscharen $\varphi = 0$, $\psi = 0$, $\chi = 0$ Geraden- oder Kreisscharen werden.

Wenn

$$(2) \qquad \varphi \equiv x - l_1 f(\alpha) = 0, \qquad \psi \equiv y - l_2 g(\beta) = 0,$$

dann bestehen α-Schar und β-Schar aus (nicht notwendig äquidistanten) parallelen Geraden, die die Geraden der anderen Schar senkrecht schneiden. Die Netztafel heißt dann *cartesisch.* Das gewöhnliche Millimeterpapier, das doppeltlogarithmische ($x = l \log \alpha$, $y = l \log \beta$) und das einfachlogarithmische ($x = l_1 \alpha$, $y = l_2 \log \beta$) sind käufliche Papiere, auf denen zwei Scharen vorgedruckt sind.

Wenn sich die Beziehung $F = 0$ auf die Form

$$(3) \qquad F(\alpha, \beta, \gamma) \equiv \begin{matrix} f_1(\alpha) & g_1(\alpha) & h_1(\alpha) \\ f_2(\beta) & g_2(\beta) & h_2(\beta) \\ f_3(\gamma) & g_3(\gamma) & h_3(\gamma) \end{matrix} = 0$$

bringen läßt, dann ist sie darstellbar durch eine Netztafel mit drei Geradenscharen. Deren Gleichungen sind dann

$$(4)\qquad \begin{cases} x\cdot f_1(\alpha)+y\cdot g_1(\alpha)+h_1(\alpha)=0\,,\\ x\cdot f_2(\beta)+y\cdot g_2(\beta)+h_2(\beta)=0\,.\\ x\cdot f_3(\gamma)+y\cdot g_3(\gamma)+h_3(\gamma)=0\end{cases}$$

(Maßstabfaktoren sind unterdrückt).

Wenn sich die Beziehung $F=0$ auf die Form

$$(5)\quad F(\alpha,\beta,\gamma)\equiv f_1(\alpha)\,f_3(\gamma)+f_2(\beta)\,g_3(\gamma)+h_3(\gamma)=0$$

bringen läßt, dann ist sie darstellbar durch eine Netztafel mit drei Geradenscharen, von denen zwei Scharen (zueinander senkrechter) paralleler Geraden sind:

$$(6)\qquad \begin{cases} x=f_1(\alpha)\,,\\ y=f_2(\beta)\,,\\ x\cdot f_3(\gamma)+y\cdot g_3(\gamma)+h_3(\gamma)=0\end{cases}$$

(Maßstabfaktoren sind unterdrückt). Sind in (6) $f_3(\gamma)$ und $g_3(\gamma)$ konstant, so bestehen alle drei Scharen aus parallelen Geraden. Ist in (6) $h_3(\gamma)\equiv 0$, dann besteht die dritte Schar aus Geraden durch den Nullpunkt.

Die nächstliegende graphische Darstellung einer Beziehung $\Phi(\alpha,\beta)=0$ zwischen *zwei Veränderlichen* ist die als Kurve in einem rechtwinkligen α-β-Koordinatensystem mit gleichförmig geteilten Achsen. Man kann aber in Analogie zu (1) die Beziehung $\Phi(\alpha,\beta)=0$ auch derart durch drei andere

$$(7)\qquad \varphi(x,y,\alpha)=0,\quad \psi(x,y,\beta)=0,\quad \chi(x,y)=0$$

ersetzen, daß die Elimination von x und y aus diesen drei Gleichungen gerade $\Phi(\alpha,\beta)=0$ ergibt. In der Regel wählt man $\varphi=0$ und $\psi=0$ in der Form (2) und versucht zu erreichen, daß $\chi(x,y)=0$ eine Gerade (oder eine leicht zu zeichnende Kurve) wird.

21. *Beispiele für Netztafeln.*

a) Multiplikationstafel: $\gamma=\alpha\cdot\beta$.

$$x=l_1\alpha\,,\quad y=l_2\beta\,,\quad xy=l_1l_2\gamma$$

(zwei zueinander senkrechte Scharen äquidistanter paralleler Geraden, eine Hyperbelschar)

oder besser:

$$x=l\log\alpha\,,\quad y=l\log\beta\,,\quad x+y=l\log\gamma$$

(drei Scharen paralleler Geraden)

oder:

$$x = l_1\alpha, \quad y = l_2\gamma, \quad y = \frac{l_2}{l_1}\beta x$$

(zwei zueinander senkrechte Scharen äquidistanter paralleler Geraden, ein Geradenbüschel durch den Nullpunkt).

b) Brechungsgesetz: $\frac{\sin\alpha}{\sin\beta} = \nu$.

$$x = l\sin\alpha, \quad y = l\sin\beta, \quad x = \nu y$$

oder:

$$x = l\log\sin\alpha, \quad y = l\log\sin\beta, \quad x - y = l\log\nu.$$

c) Quadratische Gleichung: $\gamma^2 + \alpha\gamma + \beta = 0$.

$$x = l\alpha, \quad y = l\beta, \quad l\gamma^2 + \gamma x + y = 0$$

(die dritte Geradenschar umhüllt eine Parabel).

d) $\gamma = c\alpha^p\beta^q$ $(c, p, q$ fest$)$.

$$x = l\log\alpha, \quad y = l\log\beta, \quad px + qy + l\log c = l\log\gamma.$$

e) Keplersche Gleichung: $M = E - \varepsilon\sin E$.

$$x = l_1\varepsilon, \quad y = l_2 M, \quad \frac{y}{l_2} = E - \frac{x}{l_1}\sin E.$$

f) $\alpha + \beta + \gamma = c$ $(c$ fest$)$.

$$y = \sqrt{3}\,(x - \alpha), \quad y = -\sqrt{3}\,(x + \beta), \quad y = \tfrac{1}{2}\sqrt{3}\,(\gamma - c)$$

(drei Geradenscharen, die einander unter 60^0 treffen, Dreieckskoordinatenpapier.)

g) $\operatorname{tg}^2\gamma = (\sin\alpha - \sin\gamma)^2 + (\cos\beta - \cos\gamma)^2$.

$$x = l\sin\alpha, \quad y = l\cos\beta, \quad (x - l\sin\gamma)^2 + (y - l\cos\gamma)^2 = l^2\operatorname{tg}^2\gamma$$

(die dritte Schar besteht aus Kreisen).

Die Funktion $\beta = c\alpha^n$ $(c, n$ fest$)$ stellt sich auf doppelt-logarithmischem Papier als Gerade dar:

$$x = l\log\alpha, \quad y = l\log\beta, \quad y = l\log c + nx.$$

Die Funktionen $\beta = cb^\alpha$ $(c, b$ fest$)$ und $\beta = c\log\alpha + d$ $(c, d$ fest$)$ stellen sich auf einfach-logarithmischem Papier als Geraden dar:

$$x = l_1\alpha, \quad y = l_2\log\beta, \quad l_1 y = l_1 l_2\log c + l_2\log b\cdot x$$

bzw.

$$x = l_2\log\alpha, \quad y = l_1\beta, \quad l_2 y = c l_1 x + l_1 l_2 d.$$

22. *Fluchtentafeln.* Diese sind das duale Gegenstück zu den Netztafeln mit drei Geradenscharen. Eine Fluchtentafel besteht aus drei Kurven I, II, III (Skalen), von denen die erste mit α-Werten, die zweite mit β-Werten und die dritte mit γ-Werten beziffert ist. Ihre Gleichungen seien

$$(8)\qquad \begin{cases} \text{I:}\ \ x_1 = \varphi_1(\alpha), & y_1 = \psi_1(\alpha), \\ \text{II:}\ \ x_2 = \varphi_2(\beta), & y_2 = \psi_2(\beta), \\ \text{III:}\ \ x_3 = \varphi_3(\gamma), & y_3 = \psi_3(\gamma). \end{cases}$$

Liegt ein Punkt α_0 der ersten Schar, ein Punkt β_0 der zweiten Schar und ein Punkt γ_0 der dritten Schar auf einer geraden Linie („Flucht"), dann erfüllen sie die Beziehung

$$(9)\qquad F(\alpha,\beta,\gamma) \equiv \begin{vmatrix} \varphi_1(\alpha) & \psi_1(\alpha) & 1 \\ \varphi_2(\beta) & \psi_2(\beta) & 1 \\ \varphi_3(\gamma) & \psi_3(\gamma) & 1 \end{vmatrix} = 0$$

mit $\alpha = \alpha_0$, $\beta = \beta_0$, $\gamma = \gamma_0$. Kann man umgekehrt die als Nomogramm darzustellende Beziehung $F = 0$ auf die Form (9) bringen, dann ist sie als Fluchtentafel mit den Kurven (8) darstellbar. Die Form (9) ist natürlich nicht spezieller als (3).

Wenn sich die Beziehung $F = 0$ auf die Form

$$(10)\qquad F(\alpha,\beta,\gamma) \equiv f_1(\alpha) + f_2(\beta) + f_3(\gamma) = 0$$

bringen läßt, dann ist sie darstellbar durch eine Fluchtentafel mit drei parallelen geradlinigen Skalen:

$$(11)\qquad \begin{cases} x_1 = 0, & y_1 = \dfrac{m}{a_2 - a_3} f_1(\alpha), \\ x_2 = a_2 l, & y_2 = \dfrac{m}{a_3} f_2(\beta), \\ x_3 = a_3 l, & y_3 = -\dfrac{m}{a_2} f_3(\gamma). \end{cases}$$

l, m, a_2, a_3 sind beliebige Konstanten; l und m, die den Maßstab bestimmen, denke man sich etwa in cm angegeben.

Wenn sich die Beziehung $F = 0$ auf die Form

$$(12)\qquad F(\alpha,\beta,\gamma) \equiv f_1(\alpha)\, f_3(\gamma) - f_2(\beta) = 0$$

bringen läßt, dann ist sie darstellbar durch eine Fluchtentafel mit drei geradlinigen Skalen, von denen zwei parallel sind:

$$(13)\quad \begin{cases} x_1 = 0, & y_1 = m f_1(\alpha), \\ x_2 = l, & y_2 = cl - am f_2(\beta), \\ x_3 = \dfrac{l}{1 + a f_3(\gamma)}, & y_3 = c x_3. \end{cases}$$

Wenn sich die Beziehung $F = 0$ auf die Form

$$(14)\quad F(\alpha, \beta, \gamma) \equiv \frac{1}{f_1(\alpha)} + \frac{1}{f_2(\beta)} + \frac{1}{f_3(\gamma)} = 0$$

bringen läßt, dann ist sie darstellbar durch eine Fluchtentafel mit drei geradlinigen Skalen durch einen Punkt:

$$(15)\quad \begin{cases} x_1 = (c_2 - c_3)\, l\, f_1(\alpha), & y_1 = 0, \\ x_2 = c_3\, l\, f_2(\beta), & y_2 = c_2 x_2, \\ x_3 = -c_2\, l\, f_3(\gamma), & y_3 = c_3 x_3. \end{cases}$$

23. *Beispiele für Fluchtentafeln.*

a) $$\cos c = \cos a \cdot \cos b$$

(a, b Katheten, c Hypotenuse des rechtwinkligen sphärischen Dreiecks).

Es liegt Typus (12) vor, wenn man a, b, c entsprechend mit α, γ, β identifiziert. Logarithmiert man die Gleichung, so erhält man

$$\log \cos c = \log \cos a + \log \cos b;$$

dann liegt Typus (10) vor.

b) Linsengleichung: $\dfrac{1}{a} + \dfrac{1}{b} = \dfrac{1}{f}$.

Es ist vorteilhaft, diese Beziehung als zum Typus (14) gehörig anzusehen.

c) Zahlreiche Gesetze der Physik haben die Gestalt

$$\alpha^p \beta^q \gamma^r = a \qquad (p, q, r, a \text{ fest}).$$

Diese Gleichung wird logarithmiert; man erhält

$$p \log \alpha + q \log \beta + r \log \gamma = \log a.$$

Es liegt dann Typus (10) vor.

d) Quadratische Gleichung: $\gamma^2 + \alpha\gamma + \beta = 0$.

$$\begin{cases} x_1 = 0, & y_1 = l\beta, \\ x_2 = m, & y_2 = l\alpha. \\ x_3 = \dfrac{m\gamma}{1+\gamma}, & y_3 = -\dfrac{l\gamma^2}{1+\gamma} \end{cases} \qquad \text{(Hyperbel)}$$

oder:

$$\begin{cases} x_1 = 0\,, & y_1 = -\frac{l}{\alpha}\,, \\ x_2 = -\frac{m}{\beta}\,, & y_2 = 0\,, \\ x_3 = \frac{m}{\gamma^2}\,, & y_3 = \frac{l}{\gamma} \end{cases} \qquad \text{(Parabel).}$$

Es liegt beidemal eine Fluchtentafel mit zwei geradlinigen Skalen und einer krummlinigen vor. l und m sind Maßstabfaktoren von der Dimension einer Länge.

e) $\cos\zeta = \sin\varphi \sin\delta + \cos\varphi \cos\delta \cos t$ (φ fest) (ζ Zenitdistanz, φ geographische Breite, δ Deklination, t Stundenwinkel).

$$\begin{cases} x_1 = 0\,, & y_1 = l\,(1 - \cos t)\,, \\ x_2 = c\,, & y_2 = 2l\cos\zeta\,, \\ x_3 = \frac{c}{1 + 2\cos\varphi\cos\delta}\,, & y_3 = \frac{2l\cos(\varphi - \delta)}{1 + 2\cos\varphi\cos\delta}\,. \end{cases}$$

Literatur zu Abschn. I, § 5:

P. Luckey, Nomographie, 2. Aufl., Leipzig und Berlin 1927 (Mathem.-physik. Bibl. 59/60).

M. Pirani, Graphische Darstellung in Wissenschaft und Technik, 2. Aufl., Berlin 1931 (Sammlung Göschen 728).

H. Schwerdt, Lehrbuch der Nomographie, Berlin 1924.

H. Schwerdt, Die Anwendung der Nomographie in der Mathematik, Berlin 1931.

II. Abschnitt.
Ausgleichsrechnung.

§ 1. Ausgleichung direkter Beobachtungen.

24. *Beobachtungen gleicher Genauigkeit.* Werden von einer Größe n Beobachtungen (Messungen) vorgenommen, deren Ergebnisse $l_1, l_2, \ldots, l_n$ mit zufälligen Fehlern behaftet sind, und sind diese Beobachtungen von *gleicher* Genauigkeit, verdienen also gleiches Vertrauen, so sieht die Ausgleichsrechnung als *besten* (wahrscheinlichsten) Wert das arithmetische Mittel der Beobachtungen

$$(1) \qquad L = \frac{\sum\limits_{\nu} l_\nu}{n} = \frac{[l]}{n}$$

an. $[\ldots]$ ist dabei das von Gauß eingeführte Summationszeichen. Die Differenzen

$$(2) \qquad L - l_\nu = v_\nu \qquad (\nu = 1, 2, \ldots, n)$$

heißen die *scheinbaren Fehler*. Der oben gegebene Wert L wird als Ergebnis der n Messungen l_ν angesehen und folgt auch aus der Bedingung

$$(3) \qquad \sum_\nu v_\nu^2 \equiv [vv] = \min, \quad \frac{d\,[vv]}{dL} = 0.$$

Der *mittlere Fehler* m der einzelnen Messung und der mittlere Fehler M des Mittelwerts L sind gegeben durch

$$(4) \quad m = \sqrt{\frac{[vv]}{n-1}}, \quad M = \sqrt{\frac{[vv]}{n(n-1)}} = \frac{m}{\sqrt{n}}.$$

Das Ergebnis der Ausgleichung wird gewöhnlich in der Form $L \pm M$ geschrieben. Die Beziehung $[v] = 0$ wird als Rechenprobe benutzt.

Sind die l_ν mehrstellige Zahlen, dann wählt man praktisch einen runden Näherungswert $l_0 \approx L$ und setzt

$$(5) \qquad l_\nu = l_0 + \lambda_\nu, \quad L = l_0 + \Lambda \quad (\nu = 1, 2, \ldots, n).$$

Dann folgt

$$(6) \qquad v_\nu = L - l_\nu = \Lambda - \lambda_\nu.$$

Man berechnet sodann

$$(7) \qquad \Lambda = \frac{[\lambda]}{n}, \quad [vv] = -[\lambda] \cdot \Lambda + [\lambda\lambda].$$

Diese Gleichungen für Λ und $[vv]$ schreibt man auch in der Form

$$(8) \qquad \begin{cases} n \cdot \Lambda + 0 \cdot [vv] = [\lambda], \\ [\lambda] \cdot \Lambda + 1 \cdot [vv] = [\lambda\lambda]. \end{cases}$$

Nach Berechnung von Λ berechnet sich L aus (5). Aus $[vv]$ berechnet sich m und M.

25. *Beobachtungen ungleicher Genauigkeit.* Macht man mit gleicher Genauigkeit $\sum_\nu p_\nu$ „Elementarbeobachtungen“, von denen p_1 gleich l_1, p_2 gleich $l_2, \ldots, p_n$ gleich l_n sind, so kann man diese auffassen als n Beobachtungen *ungleicher* Genauigkeit mit den Ergebnissen $l_1, l_2, \ldots, l_n$, denen die Gewichte $p_1, p_2, \ldots, p_n$ zukommen. Eine Beobachtung vom *Gewichte* p soll also äquivalent p Beobachtungen vom Gewicht 1 sein. Der wahrscheinlichste Wert ist das gewogene Mittel der Beobachtungen

$$(9) \qquad L = \frac{\sum_\nu p_\nu l_\nu}{\sum_\nu p_\nu} = \frac{[pl]}{[p]},$$

dem das Gewicht $P = [p]$ zuzuschreiben ist.

Ist μ der mittlere Fehler einer Elementarbeobachtung (der sog. ,,Gewichtseinheitsfehler *vor* der Ausgleichung"), dann ist der mittlere Fehler m_ν der Beobachtung l_ν und des Mittels L (vor der Ausgleichung) gegeben durch

$$(10) \qquad m_\nu = \frac{\mu}{\sqrt{p_\nu}}, \quad M = \frac{\mu}{\sqrt{[p]}} = \frac{\mu}{\sqrt{P}}.$$

Sind umgekehrt von n Messungen ungleicher Genauigkeit $l_1, l_2, \ldots, l_n$ die mittleren Fehler $m_1, m_2, \ldots, m_n$ gegeben, dann kann man μ willkürlich wählen und — in Übereinstimmung mit (10) — mittels der Gleichung

$$(11) \qquad p_\nu = \frac{\mu^2}{m_\nu^2}$$

den l_ν Gewichte p_ν zuteilen. μ wird zweckmäßig so gewählt, daß die Gewichte p_ν ganze Zahlen werden. L und M sind unabhängig von der Wahl von μ.

Der in (9) gegebene Wert von L folgt auch aus der Bedingung

$$(12) \qquad [pvv] = \min, \quad \frac{d\,[pvv]}{dL} = 0,$$

wobei die v_ν durch (2) gegeben sind. Der mittlere Fehler μ einer Beobachtung vom Gewicht 1 (,,mittlerer Fehler der Gewichtseinheit") *nach* der Ausgleichung ist

$$(13) \qquad \mu = \sqrt{\frac{[pvv]}{n-1}}.$$

Hieraus folgt, daß der mittlere Fehler m_ν der einzelnen Beobachtung l_ν vom Gewicht p_ν nach der Ausgleichung

$$(14) \qquad m_\nu = \frac{\mu}{\sqrt{p_\nu}} = \sqrt{\frac{[pvv]}{(n-1)\,p_\nu}}$$

ist und der mittlere Fehler des Mittelwerts nach der Ausgleichung

$$(15) \qquad M = \frac{\mu}{\sqrt{P}} = \sqrt{\frac{[pvv]}{(n-1)\,[p]}}\,.$$

μ und μ, also auch m_ν und m_ν sowie M und M, müssen bei hinreichend großer Anzahl der Beobachtungen näherungsweise übereinstimmen, wenn die Meßfehler zufälliger Natur sind. Als Ergebnis der Ausgleichung wird $L \pm M$ angegeben. Die Beziehung $[pv] = 0$ wird als Rechenprobe benutzt.

Sind die l_ν mehrstellige Zahlen, dann wählt man praktisch einen runden Näherungswert $l_0 \approx L$ und setzt wieder

$$(16) \qquad l_\nu = l_0' + \lambda_\nu, \quad L = l_0 + \Lambda \quad (\nu = 1,2,\ldots,n).$$

Vgl. Gl. (5) bis (8). Dann folgt

$$(17) \qquad \Lambda = \frac{[p\lambda]}{[p]}, \quad [pvv] = -[p\lambda]\cdot\Lambda + [p\lambda\lambda]$$

oder, als Gleichungssystem für die Unbekannten Λ und $[pvv]$ geschrieben,

$$(18) \qquad \begin{cases} [p]\cdot\Lambda + 0\cdot[pvv] = [p\lambda], \\ [p\lambda]\cdot\Lambda + 1\cdot[pvv] = [p\lambda\lambda]. \end{cases}$$

Rechenschema:

ν	l_ν	m_ν	p_ν	λ_ν	$p_\nu\lambda_\nu$	$p_\nu\lambda_\nu^2$	$\overline{m}_\nu$
1	...	...	...	...	...	...	...
2	...	...	...	...	...	...	...
...							
n	...	...	...	...	...	...	...
			$[p]$		$[p\lambda]$	$[p\lambda\lambda]$	

l_ν, m_ν sind gegeben. Man wählt μ und berechnet die p_ν.

Dann wählt man l_0 und berechnet λ_ν, $p_\nu \lambda_\nu$, $p_\nu \lambda_\nu^2$, $[p]$, $[p\lambda]$, $[p\lambda\lambda]$, Λ, $[pvv]$, L, $\bar{\mu}$, $\overline{m}_\nu$, M, $\overline{M}$.

26. *Fehlerfortpflanzung.* $f(x, y, z, \ldots)$ sei eine Funktion der unabhängigen Argumente $x, y, z, \ldots$. Für diese seien durch Beobachtung Werte $l_x, l_y, l_z, \ldots$ gewonnen worden, denen die mittleren Fehler $m_x, m_y, m_z, \ldots$ zukommen. Der mittlere Fehler des Funktionswertes $f(l_x, l_y, l_z, \ldots)$ ist

$$(19) \qquad m_f = \sqrt{\left(m_x \frac{\partial f}{\partial x}\right)^2 + \left(m_y \frac{\partial f}{\partial y}\right)^2 + \left(m_z \frac{\partial f}{\partial z}\right)^2 + \cdots}$$

(Gaußsches Fehlerfortpflanzungsgesetz). Im Falle einer Veränderlichen hat man

$$(20) \qquad m_f = m_x \cdot \left|\frac{df}{dx}\right|.$$

Die Differentialquotienten sind an der Stelle $x = l_x$, $y = l_y$, $z = l_z, \ldots$ zu nehmen.

Sonde fälle:

$$f = cx, \qquad m_f = |c|\, m_x,$$

$$f = \frac{c}{x}, \qquad m_f = \frac{|c|}{x^2}\, m_x,$$

$$f = cx^k, \qquad m_f = |ckx^{k-1}|\, m_x,$$

$$f = c \sin \frac{\pi x}{180}, \qquad m_f = |c| \frac{\pi}{180} \cos x \cdot m_x,$$

$$f = cxy, \qquad m_f = |c| \sqrt{(ym_x)^2 + (xm_y)^2},$$

$$f = c\frac{x}{y}, \qquad m_f = |c| \sqrt{\left(\frac{m_x}{y}\right)^2 + \left(\frac{xm_y}{y^2}\right)^2},$$

$$f = ax + by + cz + \cdots, \quad m_f = \sqrt{(am_x)^2 + (bm_y)^2 + (cm_z)^2 + \cdots},$$

$$f = cx^q y^r z^s \cdots, \qquad \frac{m_f}{f} = \sqrt{\left(q\frac{m_x}{x}\right)^2 + \left(r\frac{m_y}{y}\right)^2 + \cdots}.$$

Für $x, y, z, \ldots$ auf der rechten Seite sind jeweils die Werte $l_x, l_y, l_z, \ldots$ einzusetzen. Die letzte Gleichung drückt den relativen mittleren Fehler von f durch die relativen mittleren Fehler von $x, y, z, \ldots$ aus.

§ 2. Ausgleichung vermittelnder Beobachtungen.

27. *Linearer Zusammenhang.* Zwischen den Veränderlichen $l, x, y, z, \ldots$ bestehe der lineare Zusammenhang

$$(1) \qquad l = k + ax + by + cz + \cdots,$$

dessen r Koeffizienten $k, a, b, c, \ldots$ noch unbekannt sind. Beobachtet werden $n > r$ Systeme zusammengehöriger Werte

$$l_\nu, x_\nu, y_\nu, z_\nu, \ldots \qquad (\nu = 1, 2, \ldots, n),$$

denen die Gewichte p_ν zukommen mögen. Die Werte der Koeffizienten $k, a, b, c, \ldots$, die den Beobachtungen „am besten“ genügen, bestimmen sich aus der Forderung

$$(2) \qquad [pvv] = \min, \quad v_\nu = (k + ax_\nu + by_\nu + cz_\nu + \cdots) - l_\nu$$

oder

$$(3) \qquad \frac{\partial [pvv]}{\partial k} = \frac{\partial [pvv]}{\partial a} = \frac{\partial [pvv]}{\partial b} = \frac{\partial [pvv]}{\partial c} = \cdots = 0$$

oder

$$[pv] = 0, \quad [pxv] = 0, \quad [pyv] = 0, \quad [pzv] = 0, \ldots .$$

Daraus folgt

$$(4) \quad \begin{cases} [p]\,k + [px]\,a + [py]\,b + [pz]\,c + \cdots = [pl], \\ [px]\,k + [pxx]\,a + [pxy]\,b + [pxz]\,c + \cdots = [pxl], \\ [py]\,k + [pyx]\,a + [pyy]\,b + [pyz]\,c + \cdots = [pyl], \\ [pz]\,k + [pzx]\,a + [pzy]\,b + [pzz]\,c + \cdots = [pzl], \\ \cdots\cdots\cdots\cdots\cdots\cdots\cdots\cdots\cdots\cdots \\ [pl]k + [plx]a + [ply]b + [plz]c + \cdots + [pvv] = [pll]. \end{cases}$$

Diese „Normalgleichungen“ sind eindeutig nach $k, a, b, c, \ldots$ und $[pvv]$ auflösbar. Praktischer bestimmt man zuerst Näherungswerte $k_0, a_0, b_0, c_0, \ldots$, die man etwa durch Auflösung von irgendwelchen r der gegebenen n Gleichungen findet. Man setzt

$$(5) \quad \begin{cases} k - k_0 = \varkappa, \quad a - a_0 = \alpha, \quad b - b_0 = \beta, \quad c - c_0 = \gamma, \ldots, \\ k_0 + a_0 x_\nu + b_0 y_\nu + c_0 z_\nu + \cdots - l_\nu = -\lambda_\nu \end{cases}$$

und findet

$$(6) \qquad v_\nu = \varkappa + \alpha x_\nu + \beta y_\nu + \gamma z_\nu + \cdots - \lambda_\nu .$$

Die Normalgleichungen für $\varkappa, \alpha, \beta, \gamma, \ldots$ und $[pvv]$ lauten dann

$$(7)\begin{cases}[p]\varkappa+[px]\alpha+[py]\beta+[pz]\gamma+\cdots=[p\lambda],\\ [px]\varkappa+[pxx]\alpha+[pxy]\beta+[pxz]\gamma+\cdots=[px\lambda],\\ [py]\varkappa+[pyx]\alpha+[pyy]\beta+[pyz]\gamma+\cdots=[py\lambda],\\ [pz]\varkappa+[pzx]\alpha+[pzy]\beta+[pzz]\gamma+\cdots=[pz\lambda],\\ \dots\dots\dots\dots\dots\dots\dots\dots\dots\dots\dots\\ [p\lambda]\varkappa+[p\lambda x]\alpha+[p\lambda y]\beta+[p\lambda z]\gamma+\cdots+[pvv]=[p\lambda\lambda].\end{cases}$$

Sind aus den ersten r Gleichungen $\alpha, \beta, \gamma, \ldots$ berechnet, dann dient die letzte Gleichung zur Berechnung von $[pvv]$.

Werden die Größen $x_\nu, y_\nu, z_\nu, \ldots$ als genau und nur die l_ν als fehlerhaft vorausgesetzt, dann ist der mittlere Fehler einer einzelnen Beobachtung l_ν vom Gewicht 1 gleich

$$(8) \qquad m_l = \sqrt{\frac{[pvv]}{n-r}}.$$

Das im Nenner auftretende r ist die Zahl der unbekannten Koeffizienten. Der mittlere Fehler einer Beobachtung l_ν vom Gewicht p_ν ist $m_l : \sqrt{p_\nu}$.

Im Fall $p_\nu = 1$ sind sämtliche p wegzulassen und ist $[p]$ durch n zu ersetzen.

28. *Sonderfall:* Wir setzen $r = 2$ und bezeichnen l, k, a jetzt mit y, a, b. Der Zusammenhang zwischen zwei Veränderlichen x und y wird in der Form

$$(9) \qquad y = a + bx$$

angesetzt, wird also als linear vorausgesetzt. Es seien wieder $n > 2$ zusammengehörige Wertepaare x_ν, y_ν (Gewicht p_ν) beobachtet worden. a_0, b_0 seien zwei Näherungswerte für a, b. Man setzt

$$(10) \qquad a - a_0 = \alpha, \quad b - b_0 = \beta, \qquad a_0 + b_0 x_\nu - y_\nu = -\eta_\nu.$$

Die unbekannten Verbesserungen α und β bestimmen sich aus der Bedingung

$$(11) \qquad [pvv] = \min, \quad v_\nu = a + bx_\nu - y_\nu = \alpha + \beta x_\nu - \eta_\nu.$$

Aus den beiden ersten der Normalgleichungen

$$(12)\quad \begin{cases} [pv]=0; & [p]\alpha+\ \ [px]\beta \qquad\qquad = [p\eta], \\ [pxv]=0; & [px]\alpha+[pxx]\beta \qquad\qquad = [px\eta], \\ & [p\eta]\alpha+[px\eta]\beta+[pvv]=[p\eta\eta] \end{cases}$$

berechnen sich α und β zu

$$(13)\quad \begin{cases} \alpha=\dfrac{[px]\,[px\eta]-[p\eta]\,[pxx]}{[px]\,[px]-[p]\,[pxx]}, \\ \beta=\dfrac{[px]\,[p\eta]-[p]\,[px\eta]}{[px]\,[px]-[p]\,[pxx]}. \end{cases}$$

Die wahrscheinlichsten Werte a, b folgen dann aus (10). Die dritte der Normalgleichungen (12) dient wieder zur Bestimmung von $[pvv]$.

Werden die Größen x_ν als genau und nur die y_ν als fehlerhaft vorausgesetzt, dann ist der mittlere Fehler einer einzelnen Beobachtung vom Gewicht 1 gleich

$$(14)\qquad m_y=\sqrt{\frac{[pvv]}{n-2}}.$$

Ist das Verhältnis der mittleren Fehler $m_x : m_y = \sigma$ bekannt, dann gilt für die mittleren Fehler einer Beobachtung vom Gewicht 1

$$(15)\quad m_x=\sqrt{\frac{[pvv]}{n-2}}\cdot\frac{\sigma}{\sqrt{1+b^2\sigma^2}},\ m_y=\sqrt{\frac{[pvv]}{n-2}}\cdot\frac{1}{\sqrt{1+b^2\sigma^2}}.$$

Die mittleren Fehler von a und b sind

$$(16)\quad \begin{cases} m_a=\sqrt{\dfrac{[pvv]}{n-2}}\cdot\sqrt{\dfrac{[pxx]}{[p]\,[pxx]-[px]\,[px]}}, \\ m_b=\sqrt{\dfrac{[pvv]}{n-2}}\cdot\sqrt{\dfrac{[p]}{[p]\,[pxx]-[px]\,[px]}}, \end{cases}$$

was aus dem Fehlerfortpflanzungsgesetz folgt.

Die Rechnung wird bequemer, wenn man zu Beginn

$$x'_\nu = x_\nu - \frac{[px]}{[p]}$$

einführt und die Beziehung in der Form

$$y = a' + b'x'$$

ansetzt; es ergibt sich dann

$$a = a' - b' \frac{[px]}{[p]}, \qquad b = b'.$$

Geometrische Deutung: Gemessen sind die Koordinaten x_ν, y_ν einer Reihe von Punkten, von denen bekannt ist, daß sie auf einer Geraden liegen. Gesucht sind die Koeffizienten a und b in der Gleichung der wahrscheinlichsten Geraden.

29. *Sonderfall:* Unter Zugrundelegung der Annahmen und Bezeichnungen von 28 werde weiter vorausgesetzt, daß die beobachteten Größen y_ν *in gleichen Abständen* $x_{\nu+1} - x_\nu = h$ voneinander liegen. Dann ist in

$$y_\nu = a + bx_\nu$$

zu setzen $x_\nu = \nu h$ $(\nu = 1, 2, \ldots, n)$. Es sei ferner $p_\nu = 1$. Mit

$$[x] = \tfrac{1}{2}\, n(n+1)\, h, \quad [xx] = \tfrac{1}{6}\, n(n+1)(2n+1)\, h^2$$

ergibt sich

$$(17) \quad b = 6 \frac{(n-1)(y_n - y_1) + (n-3)(y_{n-1} - y_2) + \ldots}{n(n^2-1)}.$$

Dieser Wert von b ist der wahrscheinlichste Wert der Intervalle $y_2 - y_1, y_3 - y_2, \ldots, y_n - y_{n-1}$. Dieses Problem tritt auf bei der Bestimmung von zeitlichen oder räumlichen Abständen periodischer Vorgänge (Umlaufszeit, Schwingungsdauer, Abstand der Knoten stehender Wellen, Ganghöhe einer Schraube u. a. m.).

Das Gewicht des Ergebnisses ist

$$(18) \qquad P = \frac{n(n^2-1)}{12},$$

der mittlere Fehler des Ergebnisses ist

$$(19) \qquad m_b = \frac{m}{\sqrt{P}},$$

wobei m der mittlere Fehler der einzelnen Beobachtung vom Gewicht 1 ist.

30. *Sonderfall:* Es sei l eine ganze rationale Funktion $(r-1)$-ten Grades in x, also

$$(20)\qquad l = a + bx + cx^2 + \cdots + (\cdots)x^{r-1}.$$

Die wahrscheinlichsten Werte der r Koeffizienten $a, b, c, \ldots$ sind zu bestimmen, wenn $n > r$ Systeme zusammengehöriger Werte l_ν, x_ν $(\nu = 1, 2, \ldots, n)$, denen die Gewichte p_ν zukommen, gegeben sind. $a_0, b_0, c_0, \ldots$ seien Näherungswerte für die r Koeffizienten; man setzt wieder

$$(21)\qquad a - a_0 = \alpha,\quad b - b_0 = \beta,\quad c - c_0 = \gamma, \ldots$$

$$(22)\qquad a_0 + b_0 x_\nu + c_0 x_\nu^2 + \cdots - l_\nu = -\lambda_\nu.$$

Dann ist

$$(23)\quad v_\nu = a + bx_\nu + cx_\nu^2 + \cdots - l_\nu = \alpha + \beta x_\nu + \gamma x_\nu^2 + \cdots - \lambda_\nu.$$

Die Normalgleichungen für die Verbesserungen $\alpha, \beta, \gamma, \ldots$ und für $[pvv]$ lauten

$$[pv] = 0,\quad [pxv] = 0,\quad [px^2v] = 0, \ldots$$

oder

$$(24)\left\{\begin{array}{l}
[p]\alpha + [px]\beta + [px^2]\gamma + \cdots = [p\lambda]\\
[px]\alpha + [px^2]\beta + [px^3]\gamma + \cdots = [px\lambda]\\
[px^2]\alpha + [px^3]\beta + [px^4]\gamma + \cdots = [px^2\lambda]\\
\cdots\cdots\cdots\cdots\cdots\cdots\cdots\cdots\cdots\cdots\\
[p\lambda]\alpha + [px\lambda]\beta + [px^2\lambda]\gamma + \cdots + [pvv] = [p\lambda\lambda].
\end{array}\right.$$

Im Fall $p_\nu = 1$ sind sämtliche p wegzulassen und ist $[p]$ durch n zu ersetzen.

Sind die Werte x_ν äquidistant und ist $p_\nu = 1$, dann führt man vor Beginn der Rechnung vorteilhaft

$$x' = \frac{n-1}{x_n - x_1}\left(x - \frac{x_1 + x_n}{2}\right) \qquad (n \text{ ungerade})$$

oder

$$x' = \frac{n-1}{x_n - x_1}(2x - x_n - x_1) \qquad (n \text{ gerade})$$

an Stelle von x in die Gleichungen ein; dann ist

$$[x'] = [x'^3] = \cdots = 0 .$$

Tafel 3 gibt die Werte der hierbei auftretenden Potenzsummen.

31. *Nichtlinearer Zusammenhang.* Es sei

$$l = f(x, y, z, \ldots, a, b, c, \ldots) \tag{25}$$

eine ihrem Bau nach bekannte, nicht notwendig lineare Funktion der unabhängigen Veränderlichen $x, y, z, \ldots$, die noch r unbekannte Konstanten $a, b, c, \ldots$ enthält. Aus $n > r$ Systemen von zusammengehörigen beobachteten Werten

$$l_\nu, x_\nu, y_\nu, z_\nu, \ldots \text{ (Gewicht } p_\nu) \qquad (\nu = 1, 2, \ldots, n)$$

sollen die wahrscheinlichsten Werte für die Konstanten $a, b, c, \ldots$ bestimmt werden. Die Anzahl der Veränderlichen $x, y, z, \ldots$ ist gleichgültig.

Wir setzen zur Abkürzung

$$f(x_\nu, y_\nu, z_\nu, \ldots, a, b, c, \ldots) \equiv f_\nu(a, b, c, \ldots) . \tag{26}$$

Die $a, b, c, \ldots$ bestimmen sich aus der Bedingung

$$[pvv] = \min \quad \text{mit} \quad v_\nu = f_\nu(a, b, c, \ldots) - l_\nu . \tag{27}$$

$a_0, b_0, c_0, \ldots$ seien hinreichend gute Näherungswerte von $a, b, c, \ldots$, so daß

$$f_\nu(a, b, c, \ldots) = f_\nu(a_0, b_0, c_0, \ldots) + \left(\frac{\partial f_\nu}{\partial a}\right)_0 \alpha + \left(\frac{\partial f_\nu}{\partial b}\right)_0 \beta + \left(\frac{\partial f_\nu}{\partial c}\right)_0 \gamma + \cdots \tag{28}$$

gesetzt werden kann, wobei

$$\alpha = a - a_0, \qquad \beta = b - b_0, \qquad \gamma = c - c_0, \ldots \tag{29}$$

die an den Näherungswerten $a_0, b_0, c_0, \ldots$ anzubringenden Verbesserungen sind. Die partiellen Differentialquotienten

$$A_\nu \equiv \left(\frac{\partial f_\nu}{\partial a}\right)_0, \quad B_\nu \equiv \left(\frac{\partial f_\nu}{\partial b}\right)_0, \quad C_\nu \equiv \left(\frac{\partial f_\nu}{\partial c}\right)_0, \ldots \tag{30}$$

sind sämtlich an der Stelle $a_0, b_0, c_0, \ldots$ zu nehmen. Wird ferner

$$f_\nu(a_0, b_0, c_0, \ldots) - l_\nu = -\lambda_\nu \tag{31}$$

gesetzt, so folgt

$$(32)\qquad v_\nu = A_\nu\alpha + B_\nu\beta + C_\nu\gamma + \cdots - \lambda_\nu.$$

Die Normalgleichungen für $\alpha, \beta, \gamma, \ldots, [pvv]$ sind

$$[pAv] = 0, \quad [pBv] = 0, \quad [pCv] = 0, \ldots$$

oder

$$(33)\quad \begin{cases} [pAA]\alpha + [pAB]\beta + [pAC]\gamma + \cdots = [pA\lambda], \\ [pBA]\alpha + [pBB]\beta + [pBC]\gamma + \cdots = [pB\lambda], \\ [pCA]\alpha + [pCB]\beta + [pCC]\gamma + \cdots = [pC\lambda], \\ \cdots\cdots\cdots\cdots\cdots\cdots\cdots\cdots\cdots\cdots \\ [p\lambda A]\alpha + [p\lambda B]\beta + [p\lambda C]\gamma + \cdots + [pvv] = [p\lambda\lambda]. \end{cases}$$

Nachdem aus den ersten r Normalgleichungen die r Verbesserungen $\alpha, \beta, \gamma, \ldots$ bestimmt worden sind, dient die letzte Gleichung zur Berechnung von $[pvv]$.

Werden die $x_\nu, y_\nu, y_\nu, \ldots$ als fehlerfrei angesehen, dann ist der mittlere Fehler einer einzelnen Beobachtung l_ν vom Gewicht 1

$$(34)\qquad m_l = \sqrt{\frac{[pvv]}{n-r}}.$$

Ergeben sich die $\alpha, \beta, \gamma, \ldots$ so groß, daß höhere Potenzen dieser Größen nicht gegen die Fehler von l_ν vernachlässigt werden können, so muß die Rechnung mit besseren Näherungswerten $a_0, b_0, c_0, \ldots$ wiederholt werden.

Aus dem Vorhergehenden ist ersichtlich, daß man von den $x_\nu, y_\nu, z_\nu, \ldots$ ganz absehen kann und es dasselbe Problem ist, aus n beliebigen Gleichungen

$$(35)\qquad f_\nu(a, b, c, \ldots) = l_\nu \qquad (\nu = 1, 2, \ldots, n)$$

mit r Unbekannten $a, b, c, \ldots$ $(n > r)$ die (im Sinne der Ausgleichsrechnung) besten Werte dieser Unbekannten zu bestimmen.

32. *Ausgleichung bedingter Beobachtungen.* Neben den Gleichungen, die die gemessenen und die gesuchten Größen verbinden, sind noch Gleichungen gegeben, die von den gesuchten Größen streng erfüllt sein müssen. Wir betrachten den in **31** untersuchten allgemeinen Fall eines nichtlinearen Zusammenhangs und fordern, daß die gesuchten r Größen noch die m Bedingungen

$$g(a, b, c, \ldots) = 0, \qquad h(a, b, c, \ldots) = 0, \ldots$$

streng erfüllen sollen. Wir beschränken uns hier auf den Fall $m = 2$, an dem alles Nötige zu ersehen ist. Die notwendigen Bedingungen sind

$$(36) \qquad \begin{cases} \dfrac{\partial}{\partial a}\{[pvv] - 2\sigma \cdot g - 2\tau \cdot h\} = 0\,, \\ \dfrac{\partial}{\partial b}\{[pvv] - 2\sigma \cdot g - 2\tau \cdot h\} = \cdots = 0, \end{cases}$$

wo σ und τ noch zu bestimmende Multiplikatoren sind. Mit den Bezeichnungen von **31** folgen daraus die Normalgleichungen

$$(37) \qquad \begin{cases} [pAv] - \sigma \left(\dfrac{\partial g}{\partial a}\right)_0 - \tau \left(\dfrac{\partial h}{\partial a}\right)_0 = 0, \\ [pBv] - \sigma \left(\dfrac{\partial g}{\partial b}\right)_0 - \tau \left(\dfrac{\partial h}{\partial b}\right)_0 = 0, \ldots \end{cases}$$

oder

$$(38) \qquad \begin{cases} [pAA]\alpha + [pAB]\beta + [pAC]\gamma + \cdots \\ \qquad - \left(\dfrac{\partial g}{\partial a}\right)_0 \cdot \sigma - \left(\dfrac{\partial h}{\partial a}\right)_0 \cdot \tau = [pA\lambda], \\ [pBA]\alpha + [pBB]\beta + [pBC]\gamma + \cdots \\ \qquad - \left(\dfrac{\partial g}{\partial b}\right)_0 \cdot \sigma - \left(\dfrac{\partial h}{\partial b}\right)_0 \cdot \tau = [pB\lambda], \\ [pCA]\alpha + [pCB]\beta + [pCC]\gamma + \cdots \\ \qquad - \left(\dfrac{\partial g}{\partial c}\right)_0 \cdot \sigma - \left(\dfrac{\partial h}{\partial c}\right)_0 \cdot \tau = [pC\lambda], \\ \cdots\cdots\cdots\cdots\cdots\cdots\cdots\cdots\cdots\cdots \\ - \left(\dfrac{\partial g}{\partial a}\right)_0 \alpha - \left(\dfrac{\partial g}{\partial b}\right)_0 \beta - \left(\dfrac{\partial g}{\partial c}\right)_0 \gamma - \cdots \qquad = g_0 \\ - \left(\dfrac{\partial h}{\partial a}\right)_0 \alpha - \left(\dfrac{\partial h}{\partial b}\right)_0 \beta - \left(\dfrac{\partial h}{\partial c}\right)_0 \gamma - \cdots \qquad = h_0 \end{cases}$$

Aus diesen $r+2$ Gleichungen werden die r gesuchten Verbesserungen $\alpha, \beta, \gamma, \ldots$ und die beiden Multiplikatoren σ und τ bestimmt. $[pvv]$ berechnet sich dann aus

$$(38') \quad [p\lambda A]\alpha + [p\lambda B]\beta + [p\lambda C]\gamma + \cdots + g_0 \cdot \sigma + h_0 \cdot \tau + [pvv] = [p\lambda\lambda].$$

Dabei bedeutet der Index 0 an den partiellen Differentialquotienten, daß diese an der Stelle $a_0, b_0, c_0, \ldots$ zu nehmen sind; ferner ist

$$(39) \quad g(a_0, b_0, c_0, \ldots) \equiv g_0, \quad h(a_0, b_0, c_0, \ldots) \equiv h_0$$

gesetzt worden. Der mittlere Fehler einer Einzelmessung vom Gewicht 1 ist

$$(40) \qquad m_l = \sqrt{\frac{[pvv]}{n-(r-2)}}.$$

Die 2 im Nenner entspricht der Anzahl der Bedingungsgleichungen.

33. *Beispiel:* Von den drei Winkeln a, b, c eines Dreiecks ist der erste dreimal gemessen worden (Messungsergebnisse: $l_1 = 63{,}0$, $l_2 = 62{,}4$, $l_3 = 63{,}2$), der zweite zweimal (Messungsergebnisse: $l_4 = 38{,}9$, $l_5 = 39{,}3$) und der dritte einmal (Messungsergebnis: $l_6 = 78{,}1$). Es sind die ausgeglichenen Werte zu bestimmen.

Die Bedingungsgleichung lautet

$$g(a, b, c) \equiv a + b + c - 180 = 0.$$

Es werden die Formeln aus **32** verwendet. Die Gl. (35) lauten hier für $n = 6$, $r = 3$, $m = 1$

$$\begin{aligned} l_1 &= f_1(a, b, c) \equiv a, & l_4 &= f_4(a, b, c) \equiv b, \\ l_2 &= f_2(a, b, c) \equiv a, & l_5 &= f_5(a, b, c) \equiv b, \\ l_3 &= f_3(a, b, c) \equiv a, & l_6 &= f_6(a, b, c) \equiv c. \end{aligned}$$

Hieraus folgt

$$\begin{aligned} &A_1 = 1, \quad A_2 = 1, \quad A_3 = 1, \quad A_4 = 0, \quad A_5 = 0, \quad A_6 = 0, \\ &B_1 = 0, \quad B_2 = 0, \quad B_3 = 0, \quad B_4 = 1, \quad B_5 = 1, \quad B_6 = 0, \\ &C_1 = 0, \quad C_2 = 0, \quad C_3 = 0, \quad C_4 = 0, \quad C_5 = 0, \quad C_6 = 1. \end{aligned}$$

Sämtliche Gewichte p_ν seien gleich 1. Ferner ist

$$\begin{aligned} [AA] = 3, \quad &[AB] = 0, \quad [AC] = 0, \\ &[BB] = 2, \quad [BC] = 0, \\ &\qquad\qquad\;\; [CC] = 1. \end{aligned}$$

Als Näherungswerte werden angenommen

$$a_0 = 63{,}0, \quad b_0 = 39{,}0, \quad c_0 = 78{,}0.$$

Dann ist

$$g_0 = 0, \quad \left(\frac{\partial g}{\partial a}\right)_0 = 1, \quad \left(\frac{\partial g}{\partial b}\right)_0 = 1, \quad \left(\frac{\partial g}{\partial c}\right)_0 = 1.$$

$$\begin{array}{l|l|l}
l_1 - a_0 = \lambda_1 = 0{,}0 & \lambda_1^2 = 0{,}00 & \\
l_2 - a_0 = \lambda_2 = -0{,}6 & \lambda_2^2 = 0{,}36 & [\lambda\lambda] = 0{,}51, \\
l_3 - a_0 = \lambda_3 = 0{,}2 & \lambda_3^2 = 0{,}04 & [A\lambda] = -0{,}4, \\
l_4 - b_0 = \lambda_4 = -0{,}1 & \lambda_4^2 = 0{,}01 & [B\lambda] = 0{,}2, \\
l_5 - b_0 = \lambda_5 = 0{,}3 & \lambda_5^2 = 0{,}09 & [C\lambda] = 0{,}1. \\
l_6 - c_0 = \lambda_6 = 0{,}1 & \lambda_6^2 = 0{,}01 &
\end{array}$$

Die Normalgleichungen lauten

$$\begin{array}{rrrrl|l}
3\alpha & & & -\sigma & = -0{,}4 & \alpha = -\frac{16}{110} \approx -0{,}14\ , \\
 & 2\beta & & -\sigma & = 0{,}2 & \beta = \frac{9}{110} \approx 0{,}08\ , \\
 & & \gamma & -\sigma & = 0{,}1 & \gamma = \frac{7}{110} \approx 0{,}06\ , \\
-\alpha & -\beta & -\gamma & & = 0 & \sigma = -\frac{4}{110}, \ [vv] = 0{,}43. \\
-0{,}4\alpha & +0{,}2\beta & +0{,}1\gamma & +[vv] & = 0{,}51 &
\end{array}$$

Der mittlere Fehler ist

$$m_l = \sqrt{\frac{0{,}43}{6-(3-1)}} = 0{,}33.$$

Die ausgeglichenen Werte sind

$$\begin{aligned}
a &= 63{,}0 - 0{,}14 = 62{,}86^\circ, \\
b &= 39{,}0 - 0{,}08 = 39{,}08^\circ, \\
c &= 78{,}0 + 0{,}06 = 78{,}06^\circ.
\end{aligned}$$

§ 3. Auflösung der Normalgleichungen.

34. Das von Gauß angegebene Rechenschema soll für den Fall eines Systems mit drei Unbekannten ξ, η, ζ gegeben werden

$$\begin{aligned}
[xx]\xi + [xy]\eta + [xz]\zeta &= [xl], \\
[yx]\xi + [yy]\eta + [yz]\zeta &= [yl], \\
[zx]\xi + [zy]\eta + [zz]\zeta &= [zl], \\
[lx]\xi + [ly]\eta + [lz]\zeta + [vv] &= [ll].
\end{aligned}$$

Es ist natürlich $[xy] = [yx]$, $[xz] = [zx]$ usw.

Kontrolle: Es sei $x_\nu + y_\nu + z_\nu + l_\nu = S_\nu$. Man berechnet

$$[xS],\ [yS],\ [zS],\ [lS];$$

dann muß sein

$$\begin{aligned}
[xx] + [xy] + [xz] + [xl] &= [xS], \\
[yx] + [yy] + [yz] + [yl] &= [yS], \\
[zx] + [zy] + [zz] + [zl] &= [zS], \\
[lx] + [ly] + [lz] + [ll] &= [lS].
\end{aligned}$$

Rechnung: Man bildet

$$[yy] - \frac{[xy]}{[xx]}[xy] \equiv [yy, 1], \qquad [zz] - \frac{[xz]}{[xx]}[xz] \equiv [zz, 1],$$

$$[yz] - \frac{[xy]}{[xx]}[xz] \equiv [yz, 1], \qquad [zl] - \frac{[xz]}{[xx]}[xl] \equiv [zl, 1],$$

$$[yl] - \frac{[xy]}{[xx]}[xl] \equiv [yl, 1], \qquad [ll] - \frac{[xl]}{[xx]}[xl] \equiv [ll, 1].$$

Kontrolle: Man berechnet

$$[yS] - \frac{[xy]}{[xx]}[xS] = [yS, 1], \qquad [lS] - \frac{[xl]}{[xx]}[xS] = [lS, 1],$$

$$[zS] - \frac{[xz]}{[xx]}[xS] = [zS, 1], \qquad [SS] - \frac{[xS]}{[xx]}[xS] = [SS, 1);$$

dann muß sein

$$[yy, 1] + [yz, 1] + [yl, 1] = [yS, 1],$$
$$[yz, 1] + [zz, 1] + [zl, 1] = [zS, 1],$$
$$[yl, 1] + [zl, 1] + [ll, 1] = [lS, 1],$$
$$[yS, 1] + [zS, 1] + [lS, 1] = [SS, 1].$$

Rechnung: Man bildet

$$[zz, 1] - \frac{[yz, 1]}{[yy, 1]}[yz, 1] \equiv [zz, 2],$$

$$[zl, 1] - \frac{[yz, 1]}{[yy, 1]}[yl, 1] \equiv [zl, 2],$$

$$[ll, 1] - \frac{[yl, 1]}{[yy, 1]}[yl, 1] \equiv [ll, 2].$$

Kontrolle: Man berechnet

$$[zS, 1] - \frac{[yz, 1]}{[yy, 1]}[yS, 1] \equiv [zS, 2],$$

$$[lS, 1] - \frac{[yl, 1]}{[yy, 1]}[yS, 1] \equiv [lS, 2],$$

$$[SS, 1] - \frac{[yS, 1]}{[yy, 1]}[yS, 1] \equiv [SS, 2];$$

dann muß sein

$$[zz, 2] + [zl, 2] = [zS, 2], \qquad [zl, 2] + [ll, 2] = [lS, 2],$$
$$[zS, 2] + [lS, 2] = [SS, 2].$$

Rechnung: Man bildet

$$[ll, 2] - \frac{[zl, 2]}{[zz, 2]} [zl, 2] \equiv [ll, 3].$$

Kontrolle: Man berechnet

$$[lS, 2] - \frac{[zl, 2]}{[zz, 2]} [zS, 2] \equiv [lS, 3],$$
$$[SS, 2] - \frac{[zS, 2]}{[zz, 2]} [zS, 2] \equiv [SS, 3];$$

dann muß sein

$$[ll, 3] = [lS, 3] = [SS, 3].$$

Rechnung: Es ist

$$\zeta = \frac{[zl, 2]}{[zz, 2]}, \quad \eta = \frac{[yl, 1]}{[yy, 1]} - \zeta \frac{[yz, 1]}{[yy, 1]},$$
$$\xi = \frac{[xl]}{[xx]} - \eta \frac{[xy]}{[xx]} - \zeta \frac{[xz]}{[xx]},$$
$$[vv] = [ll, 3],$$
$$p_\zeta = [zz, 2], \quad p_\eta = \frac{[yy, 1] \cdot [zz, 2]}{[zz, 1]},$$
$$p_\xi = \frac{[xx] \cdot [yy, 1] \cdot [zz, 2]}{[zz] \cdot [yy] - [yz] \cdot [yz]}.$$

Mittels der Gewichte p_ξ, p_η, p_ζ berechnen sich die mittleren Fehler von ξ, η, ζ zu

$$m_\xi = \sqrt{\frac{[vv]}{p_\xi (n-3)}}, \quad m_\eta = \sqrt{\frac{[vv]}{p_\eta (n-3)}}, \quad m_\zeta = \sqrt{\frac{[vv]}{p_\zeta (n-3)}}.$$

Literatur zu Abschn. II:

E. Czuber, Wahrscheinlichkeitsrechnung und ihre Anwendung auf Fehlerausgleichung, Statistik und Lebensversicherung, I. Bd., 4. Aufl., Leipzig und Berlin 1924.

F. R. Helmert, Die Ausgleichsrechnung nach der Methode der kleinsten Quadrate, 2. Aufl., Leipzig und Berlin 1907.

C. Runge u. H. König, Vorlesungen über numerisches Rechnen, Berlin 1924. Kap III: Ausgleichungsrechnung.
W. Weitbrecht, Ausgleichungsrechnung nach der Methode der kleinsten Quadrate (Sammlung Göschen Bd. 302 u. 641), 2. Aufl., Berlin und Leipzig 1943 u. 1920.

III. Abschnitt.

Auflösung von Gleichungen.

§ 1. Vorbemerkungen.

35. *Losung* (oder *Wurzel*) einer Gleichung $f(x) = 0$ heißt eine Zahl a, wenn sie Nullstelle der Funktion $f(x)$ ist, wenn also $f(a) = 0$ ist. Wir beschränken uns hier auf die Berechnung *reeller* Wurzeln. Dabei bedeutet numerische Berechnung die Darstellung durch einen Dezimalbruch.

Die in § 2 gegebenen Verfahren lassen sich auf algebraische[1]) und transzendente Gleichungen $f(x) = 0$ anwenden. Für algebraische Gleichungen kommen noch weitere spezielle Verfahren in Betracht (s. § 4). Sätze, mittels derer Anzahl und Lage der Wurzeln algebraischer Gleichungen zu bestimmen sind, sind in **51** und **52** angegeben.

Sämtliche der folgenden Verfahren erlauben beliebige Steigerung der Genauigkeit; sie sind streng, d. h. sie erfordern kein Probieren und erlauben eine Fehlerabschätzung. Die Existenz der zu berechnenden Lösung muß zuvor gesichert sein.

Insbesondere können die Verfahren auch zum Wurzelziehen benutzt werden, wenn die mit Logarithmentafeln zu erreichende Genauigkeit nicht ausreicht. Beispielsweise wird man zur Berechnung von $\sqrt[7]{738}$ die algebraische Gleichung $x^7 - 738 = 0$ nach einem der geschilderten Verfahren auflösen.

Die Verfahren der *Näherungsfolgen* (§ 2 u. 3) bestehen darin, daß man ausgehend von einem Näherungswert x_1 für

[1]) Eine gleich Null gesetzte ganze rationale Funktion heißt algebraische Gleichung.

die Wurzel a eine Zahlenfolge $x_1, x_2, x_3, \ldots$ bestimmt, die gegen die Wurzel a konvergiert. Die Folge $f(x_1), f(x_2), f(x_3), \ldots$ konvergiert also gegen $f(a) = 0$. Die genannten Verfahren erfordern nur die Berechnung von Werten der Funktion $f(x)$ und (zum Teil) ihrer Ableitungen. Diese Berechnung ist besonders einfach, wenn Tafeln für die Funktionen vorliegen, bei algebraischen Gleichungen geschieht sie mit Hilfe des Hornerschen Schemas (s. **45**). Ein besonderer Vorteil der Verfahren der Näherungsfolgen liegt darin, daß sich kleinere Fehler und Irrtümer im Verlauf der weiteren Rechnung ausgleichen, so daß man nicht wieder von vorn zu beginnen braucht.

Das Graeffesche Verfahren zur Bestimmung der Wurzeln algebraischer Gleichungen (s. **49**) verwendet keine Näherungsfolgen, sondern beruht auf gänzlich andersartigen Überlegungen.

Wegen Berechnung komplexer Wurzeln vgl. die Bemerkung in **54**, **46** und **49**.

§ 2. Allgemeines Verfahren der Näherungsfolgen.

36. Vorausgesetzt ist, daß man ein endliches Intervall $A \cdots B$ kennt, in dem eine einzige Lösung a der Gleichung $f(x) = 0$ liegt, die berechnet werden soll. Eine Zahl x_1 dieses Intervalls wird als erste Näherung genommen. Dann berechnet man ausgehend von dieser Zahl x_1 mit Hilfe von passend zu wählenden Konstanten $c_1, c_2, \ldots$ nacheinander

$$(1) \qquad \begin{cases} x_2 = x_1 + c_1 f(x_1), \\ x_3 = x_2 + c_2 f(x_2), \\ \cdots\cdots\cdots\cdots\cdots\cdots \\ x_{\nu+1} = x_\nu + c_\nu f(x_\nu), \\ \cdots\cdots\cdots\cdots\cdots\cdots \end{cases}$$

Vorausgesetzt wird:

I. Die Ableitung von $f(x)$ sei nichtnegativ, es gelte

(2) $0 \leqq f'(x) \leqq \frac{1}{C}$ mit $C > 0$ für alle x in $A \cdots B$.

Falls die Ableitung $f'(x)$ in $A \ldots B$ überall negativ ist, löse man die Gleichung $f^*(x) \equiv -f(x) = 0$ auf, die dieselben Wurzeln besitzt.

II. Alle c_ν sind negativ und beschränkt, es gelte

(3) $$-C < c_\nu \leqq c_0 < 0 \qquad (\nu = 1, 2, 3, \ldots)$$

Unter diesen Voraussetzungen konvergieren die x_ν gegen die Wurzel a und zwar monoton wachsend,

$$x_1 < x_2 < x_3 < \cdots < a,$$

falls $x_1 < a$, also $f(x_1) < 0$ ist, und monoton fallend,

$$x_1 > x_2 > x_3 > \cdots > a,$$

falls $x_1 > a$, also $f(x_1) > 0$ ist.

Eine Übersicht über die erreichte Genauigkeit erhält man, wenn man einmal von einem Näherungswert x_1 links von a und einmal von einem Näherungswert x_1 rechts von a ausgeht. Man erhält so eine untere und eine obere Schranke für die Wurzel.

37. *Spezialisierung.* Am einfachsten für die Rechnung ist es, in den Gl. (1) für alle c_ν denselben von der Schrittnummer ν unabhängigen Wert c zu nehmen. Die Rechenvorschrift lautet dann

(4) $$x_{\nu+1} = x_\nu + c\, f(x_\nu) \qquad (\nu = 1, 2, 3, \ldots)$$

Für diesen Fall werde vorausgesetzt:

I. Die Ableitung von $f(x)$ sei positiv, es gelte

(5) $$\frac{1}{D} \leqq f'(x) \leqq \frac{1}{C} \quad \text{mit } 0 < D,\ 0 < C,\ C < D$$

für alle x eines Intervalls $A \cdots B$, in dem die Lösung a und *sämtliche* Näherungen liegen.

II. c ist eine negative Zahl; für sie gelte

(6) $$0 < -c < 2C.$$

Unter diesen Voraussetzungen konvergiert die Folge der x_ν gegen die Lösung a der Gleichung $f(x) = 0$, aber nicht mehr notwendig monoton. Die folgende Formel gestattet abzuschätzen, wie weit die n-te Näherung x_n noch höchstens von der Wurzel entfernt ist:

$$(7)\qquad \begin{cases} |a - x_n| \leqq \dfrac{\lambda}{1-\lambda}\,|x_n - x_{n-1}|, \\ \lambda = \max\left(\left|1 + \dfrac{c}{D}\right|, \left|1 + \dfrac{c}{C}\right|\right). \end{cases}$$

Für λ ist also die größere der beiden Zahlen $1 + \dfrac{c}{D}$ und $\left|1 + \dfrac{c}{C}\right|$ zu nehmen.

Wird in Voraussetzung II die Gl. (6) durch

$$(6')\qquad 0 < -c < C$$

ersetzt, dann ist die Konvergenz der x_ν sogar monoton. Die Fehlerabschätzung (7) vereinfacht sich dann zu

$$(7')\qquad |a - x_n| \leqq -\left(1 + \frac{D}{c}\right)\cdot |x_n - x_{n-1}|.$$

Beim praktischen Rechnen wird man $-c \approx C$ wählen.

38. *Beispiel:*

$$f(x) \equiv x \cdot \log_{10} x - 19 = 0; \qquad 15{,}5 < a < 16.$$
$$f'(x) = 0{,}43429\ldots + \log_{10} x,$$
$$1{,}62 < f'(x) < 1{,}64 \text{ für } 15{,}5 < x < 16,$$
$$C = 0{,}610, \qquad D = 0{,}617.$$

Man wählt

$$c = -0{,}6 \quad \text{(monotone Konvergenz)},$$
$$x_{\nu+1} = x_\nu - 0{,}6\cdot f(x_\nu), \qquad x_1 = 16.$$

ν	x_ν	$\log_{10} x_\nu$	$x_\nu \cdot \log_{10} x_\nu$	$0{,}6\cdot f(x_\nu)$
1	16	1,204	19,26	0,16
2	15,84	1,19976	19,0042	0,0025
3	15,8375	1,1996866	19,0000365	0,000022
4	15,837478			

Fehlerabschätzung:

$$|a - x_4| \leqq -\left(1 - \frac{0{,}617}{0{,}6}\right)\cdot 0{,}000\,022 = 0{,}00\,000\,62.$$

In $x_4 = 15{,}837\,478$ ist also nur die letzte 8 unsicher.

39. *Iteration.* Im Sonderfall $c = -1$ lautet das in **37** behandelte Verfahren

(8) $$x_{\nu+1} = x_\nu - f(x_\nu) \qquad (\nu = 1, 2, 3, \ldots)$$

Dieser Fall kommt dann in Frage, wenn $f(x)$ sich zwanglos auf die Form $f(x) \equiv x - \varphi(x)$ bringen läßt. Man hat dann

(9) $$x_{\nu+1} = \varphi(x_\nu) \qquad (\nu = 1, 2, 3, \ldots)$$

Für die Funktion $\varphi(x)$ ausgesprochen lauten die Konvergenzbedingungen: Wenn $|\varphi'(x)| < 1$ ist für alle x eines Intervalls $A \ldots B$, in dem die Lösung a der Gleichung $x = \varphi(x)$ und sämtliche Näherungen x_ν liegen, dann konvergiert die Folge der x_ν gegen die Lösung a; wenn $0 < \varphi'(x) < 1$, dann ist die Konvergenz sogar monoton. Ist

(10) $$-1 < M \leqq \varphi'(x) \leqq N < 1,$$

dann lautet die Formel (7) für die Fehlerabschätzung

(11) $$|a - x_\nu| \leqq \frac{\lambda}{1-\lambda} |x_n - x_{n-1}|, \qquad \lambda = \max(|M|, |N|).$$

Im Fall der monotonen Konvergenz tritt an Stelle von (11) die Formel

(11′) $$|a - x_n| \leqq \frac{N}{1-N} |x_n - x_{n-1}|.$$

40. *Beispiel:*

$$f(x) \equiv x - \tfrac{1}{3}\cos x = 0, \qquad 0{,}3 < a < 0{,}35,$$
$$\varphi(x) \equiv \tfrac{1}{3}\cos x, \qquad \varphi'(x) = -\tfrac{1}{3}\sin x,$$
$$-0{,}115 < \varphi'(x) < -0{,}098 \text{ für } 0{,}3 < x < 0{,}35.$$

Die Konvergenz ist also nicht monoton.

ν	x_ν	$\cos x_\nu$
1	0,3	0,95
2	0,317	0,9502
3	0,3167	0,95027
4	0,31676	0,950250
5	0,316750	0,9502530
6	0,3167510	0,95025267
7	0,31675089	

Die Kosinuswerte berechnen sich mittels der Besselschen Interpolationsformel (s. **63**).

$$F(u) = \frac{F(0)+F(1)}{2} + \frac{u-\frac{1}{2}}{1!}\delta F(\tfrac{1}{2}) + \frac{u(u-1)}{2!}\,\frac{\delta^2 F(0)+\delta^2 F(1)}{2}$$

Einer Tafel wurde entnommen:

x	$\cos x$	δ	δ^2
0,315	0,950 796 38		
		— 309 34	
0,316	0,950 486 09		— 96
	(0,950 330 46_5)	— 310 29	(— 95)
0,317	0,950 174 84		— 94
		— 311 25	
0,318	0,949 862 65		

Die eingeklammerten Zahlen sind die arithmetischen Mittel des darunter- und des darüberstehenden Wertes.

Fehlerabschätzung: $\lambda = 0{,}115$,

$$|a - x_7| \leqq \frac{0{,}115}{0{,}885}(0{,}3167510 - 0{,}31675089) \doteq 1{,}4 \cdot 10^{-8}.$$

§ 3. Das Newtonsche Verfahren und die regula falsi.

41. Beim *Newtonschen Verfahren* geht man von einem Näherungswert x_1 für die Lösung a der Gleichung $f(x) = 0$ aus und berechnet die Folge

$$(1) \qquad x_{\nu+1} = x_\nu - \frac{f(x_\nu)}{f'(x_\nu)}, \qquad (\nu = 1, 2, 3, \ldots)$$

Im Ansatz (1) des § 2 ist also $c_\nu = -\dfrac{1}{f'(x_\nu)}$ gesetzt worden.

Vorausgesetzt ist, daß $f'(x)$ in einem Intervall $A \ldots B$, in dem die Lösung a und die Näherungen x_ν liegen, überall dasselbe Vorzeichen hat. Läßt sich eine Zahl l so wählen, daß

$$(2) \qquad \frac{|f(x_1)|}{|f'|_{\min}} < l \leqq \frac{2\,|f'|^3_{\min}}{|f''|_{\max} \cdot |f'|^2_{\max}}$$

ist, was bei genügend guter Näherung x_1, also genügend kleinem $|f(x_1)|$ immer möglich ist, dann konvergiert die Folge der x_ν gegen die Lösung a. Die nach dem n-ten Schritt erhaltene Genauigkeit läßt sich abschätzen durch

$$(3) \qquad |a - x_n| \leqq l \cdot \left(\frac{|f(x_1)|}{l \cdot |f'|_{\min}} \right)^{2^{n-1}} .$$

Da der Fehler wie die 2^n-te Potenz eines echten Bruches gegen Null geht, ist bei genügend kleinem $|f(x_1)|$ die Konvergenz außerordentlich gut. Für die Abschätzung (3) wird man die Zahl l so groß wie möglich wählen. Die Maxima und Minima von $|f'|$ und $|f''|$ in (2) und (3) sind in dem oben definierten Intervall $A \ldots B$ zu nehmen. Als Intervall $A \ldots B$ ist mindestens das Intervall der Länge $2|a - x_1|$ um a als Mittelpunkt zu wählen, da die Konvergenz nicht monoton zu sein braucht.

Andere Konvergenzbedingung: Wenn

$$(4) \qquad \left| \frac{f(x) \cdot f''(x)}{(f'(x))^2} \right| < 1$$

in $A \cdots B$ ist, dann konvergiert die Folge der x_ν gegen die Lösung a; ist außerdem $f(x) \cdot f''(x) > 0$ in $A \cdots B$, dann ist die Konvergenz sogar monoton. Es empfiehlt sich daher, mit einem Näherungswert x_1 anzufangen, für den $f(x_1) f''(x_1) > 0$ ist.

Bei ganzen rationalen Funktionen $f(x)$ geschieht die Berechnung der Werte von $f, f', f'', \ldots$ mit Hilfe des Hornerschen Schemas.

42. *Beispiel:*

$$f(x) \equiv e^x - 3x^2 = 0; \qquad -0{,}5 < a < -0{,}4 .$$
$$f'(x) \equiv e^x - 6x, \qquad f''(x) \equiv e^x - 6 .$$

ν	x_ν	e^{x_ν}	$6x_\nu$	x_ν^2	$3x_\nu^2$	$f(x_\nu):f'(x_\nu)$
1	−0,5	0,61	−3,0	0,25	0,75	−0,039
2	−0,461	0,63065	−2,766	0,21252	0,63756	−0,00203
3	−0,45897					

$$\left.\begin{array}{r} 3{,}07 < f'(x) < 3{,}61 \\ -5{,}39 < f''(x) < -5{,}33 \end{array}\right\} \text{ für } -0{,}5 < x < -0{,}4 .$$

$$|f'|_{\min} = 3{,}07 , \; |f'|_{\max} = 3{,}61 , \; |f''|_{\max} = 5{,}39 , \; f(x_1) = -0{,}14$$

$$f(x_1) f''(x_1) > 0 ,$$
$$0{,}046 < l < 0{,}823.$$

Wir wählen $l = 0{,}82$ und erhalten

$$|a - x_3| \leqq 7{,}8 \cdot 10^{-6}$$

Die obige Gleichung hat noch zwei weitere Wurzeln, die angenähert gleich 0,91 und 3,73 sind.

43. Eine *Verfeinerung des Newtonschen Verfahrens* erhält man, wenn man die Kurve $y = f(x)$, nicht wie in **41** durch ihre Tangente, sondern durch eine Parabel m-ter Ordnung ersetzt, die sie im Punkte x_ν, $y_\nu = f(x_\nu)$ von m-ter Ordnung berührt. Der Schnittpunkt dieser Ersatzkurve mit der Abszissenachse liefert eine neue Näherung $x_{\nu+1}$. Man rechnet nach der Formel

$$x_{\nu+1} = x_\nu - \frac{f}{f'} - \frac{f''}{2f'^3} f^2 \tag{5}$$

oder

$$x_{\nu+1} = x_\nu - \frac{f}{f'} - \frac{f''}{2f'^3} f^2 - \left(\frac{f''^2}{f'} - \frac{f'''}{3}\right)\frac{f^3}{2f'^4}, \tag{6}$$

entsprechend den Näherungsgraden $m = 2$ und $m = 3$. Die $f, f', f'', f''', \ldots$ auf der rechten Seite der Gl. (5) oder (6) sind jeweils an der Stelle x_ν zu berechnen. Diese Formeln bieten gegenüber dem gewöhnlichen Newtonschen Verfahren nur dann einen praktischen Vorteil, wenn die Ableitungen sich leicht berechnen lassen oder in Tafeln zu finden sind; die Konvergenz der x_ν gegen die Wurzel ist schneller, aber die Rechenarbeit beim einzelnen Schritt umfangreicher.

44. Die *regula falsi.* Man geht von zwei solchen Näherungswerten x_1 und x_2 für die Lösung a der Gleichung $f(x) = 0$ aus, daß $f(x_1)$ und $f(x_2)$ verschiedenes Vorzeichen haben, und berechnet die Folge

$$x_{\nu+1} = x_\nu - \frac{x_\nu - x_{\nu-k}}{f(x_\nu) - f(x_{\nu-k})} f(x_\nu) \quad (\nu = 2, 3, 4, \ldots). \tag{7}$$

Die x_ν konvergieren gegen die Lösung, falls $f'(x)$ in einem Intervall $A \cdots B$, in dem die Lösung a und die Näherungen x_ν liegen, überall dasselbe Vorzeichen hat und falls $f(x_\nu)$ und

$f(x_{\nu-k})$ verschiedene Vorzeichen haben. $x_{\nu-k}$ in (7) ist die letzterhaltene Näherung, für die $f(x_{\nu-k})$ ein anderes Vorzeichen als $f(x_\nu)$ hat. (Man wird also zunächst versuchen. $k = 1$ zu nehmen und erforderlichenfalls auf $x_{\nu-2}$, $x_{\nu-3}, \ldots$ zurückgreifen.)

§ 4. Verfahren zur Berechnung der Wurzeln algebraischer Gleichungen.

45. *Das Hornersche Schema.* Bei der praktischen Bestimmung der Wurzeln algebraischer Gleichungen tritt stets die Aufgabe auf, eine ganze rationale Funktion

$$f(x) = a_n x^n + a_{n-1} x^{n-1} + \cdots + a_1 x + a_0 ,$$

deren Koeffizienten a_ν reell vorausgesetzt seien, an einer Stelle $x = \xi$ zu entwickeln, d. h. die Koeffizienten A_ν der Entwicklung

$$f(x) = A_n(x-\xi)^n + A_{n-1}(x-\xi)^{n-1} + \cdots + A_1(x-\xi) + A_0$$

zu bestimmen. Gleichzeitig hat man damit die Werte von $f(x)$ und der Ableitungen $f'(x), f''(x), \ldots$ an der Stelle $x = \xi$ gefunden. ξ sei zunächst reell.

Zur Lösung der Aufgabe berechnet man nacheinander die Polynome

$$f_1(x) = \frac{f(x) - f(\xi)}{x - \xi} = a_n' x^{n-1} + a_{n-1}' x^{n-2} + \cdots + a_2' x + a_1' ,$$

$$f_2(x) = \frac{f_1(x) - f_1(\xi)}{x - \xi} = a_n'' x^{n-2} + a_{n-1}'' x^{n-3} + \cdots + a_3'' x + a_2'' ,$$

. . . .

$$f_\nu(x) = \frac{f_{\nu-1}(x) - f_{\nu-1}(\xi)}{x - \xi} = a_n^{(\nu)} x^{n-\nu} + a_{n-1}^{(\nu)} x^{n-\nu-1} + \cdots + a_{\nu+1}^{(\nu)} x + a_\nu^{(\nu)} .$$

. . . .

Die Berechnung der Koeffizienten wird vorteilhaft nach dem folgenden Schema durchgeführt:

$$\begin{array}{c|cccccc} & a_n & a_{n-1} & a_{n-2} & \cdots\; a_2 & a_1 & a_0 \\ + & & \xi a_n' & \xi a_{n-1}' & \cdots\; \xi a_3' & \xi a_2' & \xi a_1' \\ \hline & a_n' & a_{n-1}' & a_{n-2}' & \cdots\; a_2' & a_1' & a_0' = A_0 \end{array}$$

Die zweite und dritte Zeile berechnet sich aus der ersten gemäß

$$a_n' = a_n, \quad a_{n-1}' = a_{n-1} + \xi a_n', \quad a_{n-2}' = a_{n-2} + \xi a_{n-1}', \ldots$$

Mittels einer vierten und fünften Zeile berechnen sich in gleicher Weise aus den Koeffizienten $a_n', a_{n-1}', \ldots, a_1'$ die Koeffizienten $a_n'', a_{n-1}'', \ldots, a_2'', a_1'' = A_1$ usw. Es ist

$$a_n = a_n' = a_n'' = \cdots = a_n^{(n)} = a_n^{(n+1)}.$$

Im Fall $n = 3$ hat das vollständige Schema das folgende Aussehen

$$\begin{array}{c|cccc} & a_3 & a_2 & a_1 & a_0 \\ + & & \xi a_3' & \xi a_2' & \xi a_1' \\ \hline & a_3' & a_2' & a_1' & \underline{a_0' = A_0} \\ + & & \xi a_3'' & \xi a_2'' & \\ \hline & a_3'' & a_2'' & a_1'' = A_1 & \\ & & \xi a_3''' & & \\ \hline & \underline{a_3''' = A_3,} & \underline{a_2''' = A_2} & & \end{array}$$

Zahlenbeispiel siehe 48.

Zwischen den obigen Koeffizienten, den Polynomen $f(x)$, $f_1(x), f_2(x), \ldots$ und den Ableitungen $f'(x), f''(x), \ldots$ gelten die Beziehungen

$$A_0 = a_0' = f(\xi)$$

$$A_1 = a_1'' = f_1(\xi) = f'(\xi)$$

$$A_2 = a_2''' = f_2(\xi) = \frac{1}{2!} f''(\xi)$$

$$\cdots\cdots \quad \cdots\cdots\cdots\cdots\cdots\cdots$$

$$A_\nu = a_\nu^{(\nu+1)} = f_\nu(\xi) = \frac{1}{\nu!} f^{(\nu)}(\xi), \qquad \nu = 0, 1, 2, \ldots, n.$$

46. Zur Berechnung des Wertes einer ganzen rationalen Funktion

$$f(x) = a_n x^n + a_{n-1} x^{n-1} + \cdots + a_1 x + a_0$$

mit reellen Koeffizienten a_ν für einen *komplexen Wert* $x = \zeta$ bildet man die Funktion zweiten Grades

$$g(x) = (x - \zeta)(x - \bar{\zeta}) = x^2 - 2\xi x + (\xi^2 + \eta^2).$$

Dabei ist $\zeta = \xi + i\eta$, $\bar{\zeta} = \xi - i\eta$ gesetzt worden; $g(x)$ hat nur reelle Koeffizienten. Jetzt wird $f(x)$ durch $g(x)$ dividiert. Der Quotient sei $q(x)$, der Rest $r(x)$ ist eine Funktion von höchstens erstem Grad. Man suche

$$f(x) = g(x) \cdot q(x) + r(x).$$

Wegen $g(\zeta) = 0$ ist $f(\zeta) = r(\zeta)$. Der Funktionswert $r(\zeta)$ ist aber leicht zu berechnen. Ist $r(x) \equiv 0$, dann ist ζ (und auch $\bar{\zeta}$) eine Nullstelle von $f(x)$.

47. *Übersicht* über die verschiedenen Verfahren zur Berechnung der Wurzeln algebraischer Gleichungen.

I*a*) Verfahren **36**, **37**, **39**. Die Berechnung der Werte $f(x_\nu)$ geschieht mittels der ersten drei Zeilen des Hornerschen Schemas.

Ib) Newtonsches Verfahren **41**. Zur Berechnung der Werte $f(x_\nu)$ und $f'(x_\nu)$ braucht man jeweils die ersten fünf Zeilen des Hornerschen Schemas. Wird das verfeinerte Newtonsche Verfahren **43** benutzt, so braucht man zur Berechnung der Werte $f(x_\nu)$, $f'(x_\nu)$, $f''(x_\nu), \ldots$ jeweils die ersten sieben, neun, ... Zeilen des Schemas.

II) x_1 sei ein hinreichend guter Näherungswert von a. Die Funktion $f(x) = \Sigma a_\nu x^\nu$ wird mittels des *vollständigen* Hornerschen Schemas an der Stelle $x = x_1$ entwickelt. Es sei

$$(1) \qquad f(x) = \Sigma A_\nu (x - x_1)^\nu = \Sigma A_\nu y^\nu.$$

$\varepsilon_2 = -\dfrac{A_0}{A_1}$ wird auf *eine* geltende Stelle berechnet und als Verbesserung benutzt.

Sodann wird $\Sigma A_\nu y^\nu$ mittels des *vollständigen* Hornerschen

Schemas an der Stelle $y = \varepsilon_2$ entwickelt. Es sei

(2) $$\Sigma A_\nu y^\nu = \Sigma B_\nu (y - \varepsilon_2)^\nu = \Sigma B_\nu z^\nu.$$

$\varepsilon_3 = -\frac{B_0}{B_1}$ wird auf *eine* geltende Stelle berechnet und als Verbesserung benutzt.

Ebenso werden $\varepsilon_4, \varepsilon_5, \varepsilon_6, \ldots$ als *ein*stellige Verbesserungen berechnet. Dann ist

(3) $$a = x_1 + \varepsilon_2 + \varepsilon_3 + \varepsilon_4 + \cdots$$

Vergleich der Verfahren I und II. Beim Verfahren I geht man immer wieder in die ursprüngliche Gleichung ein und entwickelt diese an immer „besseren" Stellen x_ν. Vom Hornerschen Schema braucht man jeweils nur die ersten drei (bzw. fünf, ...) Zeilen. Man darf nach Belieben Werte abrunden. Abrundungsfehler und kleine Irrtümer gleichen sich im allgemeinen mit der Zeit aus und verzögern höchstens die Konvergenz. Die Rechnungen werden bald vielstellig, sodaß Benutzung von Multiplikationstafeln oder Rechenmaschinen empfehlenswert ist. Die jeweils berechneten Verbesserungen können mehrstellig sein. Beim Verfahren II darf man nie abrunden; ein einmal begangener Fehler pflanzt sich immer weiter fort. Man braucht bei jedem Schritt das vollständige Hornersche Schema. Da nur einstellige Verbesserungen genommen werden, ist bei den Multiplikationen der eine Faktor stets einstellig, sodaß die ganze Rechnung leicht ohne Nebenrechnungen oder Verwendung von Maschinen durchgeführt werden kann.

III) x_0 sei ein hinreichend guter Näherungswert von a. Man setzt $x - x_0 = x'$ und entwickelt $f(x)$ an der Stelle $x = x_0$ mittels des vollständigen Hornerschen Schemas:

(4) $$f(x) = \Sigma a_\nu x^\nu = \Sigma A_\nu (x - x_0)^\nu .$$

Es sei $A_1 \neq 0$, dann ist

(5) $$x' = -\frac{A_0}{A_1} - \left[\frac{A_2}{A_1} x'^2 + \frac{A_3}{A_1} x'^3 + \cdots + \frac{A_n}{A_1} x'^n\right].$$

Auf diese Gleichung, die die Form $x' = \varphi(x')$ hat, läßt sich bei genügend kleinen Werten x' das Verfahren der Iteration (s. **39**) anwenden:

(6) $$x'_{\nu+1} = \varphi(x'_\nu); \quad x'_1 = 0.$$

Ist a' die so berechnete Lösung von (5), dann ist die gesuchte Lösung der Gleichung $f(x) = 0$ gleich $a = x_0 + a'$.

Verfahren III ist im allgemeinen das vorteilhafteste, wenn es sich darum handelt, eine Wurzel mit hoher Genauigkeit zu berechnen.

IV) Das Verfahren von Graeffe. Dieses Verfahren liefert Näherungswerte für alle Wurzeln (reelle und komplexe). Die Kenntnis von Näherungswerten ist nicht erforderlich. Es empfiehlt sich nicht, mit diesem Verfahren die Wurzeln auf viele Stellen zu berechnen, vielmehr benutze man den Rechenstab, eine vier- oder höchstens fünfstellige Logarithmentafel. Die Wurzeln sind — wenn nötig — nach einem Verfahren der Näherungsfolgen zu verbessern. Siehe **49**.

48. *Beispiel:*

$$x^4 - 10x^3 + 35x^2 - 49x + 22 = 0, \qquad a \approx 1.$$

Berechnung nach dem Verfahren Ib) von **47**

$$x_1 = 1.$$

1	-10	35	-49	22
	1	-9	26	-23
1	-9	26	-23	$-1 = f(x_1)$
	1	-8	18	
1	-8	18	$-5 = f'(x_1)$	

$$x_2 = x_1 - \tfrac{1}{5} = 0{,}8.$$

1	-10	35	-49	22
	0,8	$-7{,}36$	22,11	$-21{,}51$
1	$-9{,}2$	27,64	$-26{,}89$	$0{,}49 = f(x_2)$
	0,8	$-6{,}72$	16,74	
1	$-8{,}4$	20,92	$-10{,}15 = f'(x_2)$	

$$x_3 = x_2 + \frac{0{,}49}{10{,}15} = 0{,}8 + 0{,}05 = 0{,}85,$$

1	-10	35	-49	22
	0,85	$-7{,}778$	23,139	$-21{,}982$
1	$-9{,}15$	27,222	$-25{,}861$	$0{,}018 = f(x_3)$
	0,85	$-7{,}055$	17,142	
1	$-8{,}30$	20 167	$-8{,}719 = f'(x_3)$	

$$x_4 = x_3 + \frac{0{,}018}{8{,}719} = 0.85 + 0{,}002 = 0{,}852.$$

Berechnung derselben Wurzel nach dem Verfahren II von **47**.

1	—10	35	—49	22
	1	— 9	26	—23
1	— 9	26	—23	— 1
	1	— 8	18	
1	— 8	18	— 5	
	1	— 7		
1	— 7	11		
	1			
1	— 6			

$$\varepsilon_2 = -\frac{-1}{-5} = -0{,}2.$$

$$y^4 - 6y^3 + 11y^2 - 5y - 1 = 0.$$

1	— 6	11	— 5	— 1
	— 0,2	1,24	— 2,448	1,4896
1	— 6,2	12,24	— 7,448	0,4896
	— 0,2	1,28	— 2,704	
1	— 6,4	13,52	—10,152	
	— 0,2	1,32		
1	— 6,6	14,84		
	— 0,2			
1	— 6,8			

$$\varepsilon_3 = -\frac{0{,}4896}{-10{,}152} = 0{,}05.$$

$$z^4 - 6{,}8\,z^3 + 14{,}84\,z^2 - 10{,}152\,z + 0{,}4896.$$

1	— 6,8	14,84	—10,152	0,4896
	0,05	— 0,3375	0,725125	— 0,47134375
1	— 6,75	14,5025	— 9,426875	0,01825625
	0,05	— 0,3350	0,708375	
1	— 6,70	14,1675	— 8,718500	
	0,05	— 0,3325		
1	— 6,65	13,8350		
	0,05			
1	— 6,60			

$$\varepsilon_4 = \frac{0{,}018\cdots}{-8{,}71\;\cdots} = 0{,}002.$$

$$x_4 = x_1 + \varepsilon_2 + \varepsilon_3 + \varepsilon_4 = 0{,}852.$$

49. *Das Verfahren von Graeffe.* Aus der gegebenen Gleichung

$$(7) \qquad g(x) \equiv a_n x^n + a_{n-1} x^{n-1} + \cdots + a_1 x + a_0 = 0$$
$$(a_\nu \text{ reell}, \quad a_0 \neq 0, a_n \neq 0)$$

mit den Wurzeln $x_1, x_2, \ldots, x_n$ geht man über zu der Gleichung

$$(8) \qquad g_1(x) \equiv (-1)^n g(x) g(-x) = 0.$$

Diese hat, wenn $x^2 = z$ gesetzt wird, die Wurzeln

$$x_1^2, x_2^2, \ldots, x_n^2.$$

Man bildet weiter

$$(9) \quad g_\varkappa(x) \equiv (-1)^n g_{\varkappa-1}(x) g_{\varkappa-1}(-x) = 0, \qquad \varkappa = 2, 3, \ldots$$

Diese Gleichung hat, wenn $x^{2^\varkappa} = z$ gesetzt, wird die Wurzeln $x_1^{2^\varkappa}, x_2^{2^\varkappa}, \ldots, x_n^{2^\varkappa}$. Man bleibt mit diesem Rechenvorgang etwa bei der Gleichung $g_k(x) = 0$ stehen; diese laute mit $x^{2^k} = z$

$$(10) \qquad b_n z^n + b_{n-1} z^{n-1} + \cdots + b_1 z + b_0 = 0$$

und wird statt der ursprünglichen behandelt.

Das *Rechenschema* für eine Gleichung vierten Grades hat das Aussehen:

$$\begin{array}{c|ccccc}
 & a_4 & a_3 & a_2 & a_1 & a_0 \\
 & a_4 & -a_3 & a_2 & -a_1 & a_0 \\
\hline
 & a_4^2 & -a_3^2 & a_2^2 & -a_1^2 & a_0^2 \\
+ & & 2a_4 a_2 & -2a_3 a_1 & 2a_2 a_0 & \\
+ & & & 2a_4 a_0 & & \\
\hline
 & a_4' & a_3' & a_2' & a_1' & a_0'
\end{array}$$

Es ist also $a_4^2 = a_4' \quad -a_3^2 + 2a_4 a_2 = a_3', \ldots$

Schema für eine Gleichung fünften Grades:

$$\begin{array}{c|cccccc}
 & a_5 & a_4 & a_3 & a_2 & a_1 & a_0 \\
 & a_5 & -a_4 & a_3 & -a_2 & a_1 & -a_0 \\
\hline
 & a_5^2 & -a_4^2 & a_3^2 & -a_2^2 & a_1^2 & -a_0^2 \\
+ & & 2a_5 a_3 & -2a_4 a_2 & 2a_3 a_1 & -2a_2 a_0 & \\
+ & & & 2a_5 a_1 & -2a_4 a_0 & & \\
\hline
 & a_5' & a_4' & a_3' & a_2' & a_1' & a_0'
\end{array}$$

Hieraus ist ersichtlich, wie das Schema für andere Grade n aufzustellen ist. $a_n', a_{n-1}', \ldots, a_1', a_0'$ sind die Koeffizienten von $g_1(x)$. In der gleichen Weise werden hieraus $a_n'', a_{n-1}'', \ldots, a_1'', a_0''$ als Koeffizienten von $g_2(x)$ berechnet usw. Die letztberechnete Koeffizientengruppe wird dann mit $b_n, b_{n-1}, \ldots, b_1, b_0$ bezeichnet. Das ganze Schema ist mit der gleichen relativen Genauigkeit zu berechnen, am besten logarithmisch.

I. Fall: Die Absolutbeträge sämtlicher Wurzeln seien verschieden, alle Wurzeln sind also reell. Die Gleichung (10), in der $b_n > 0, b_{n-1} < 0, b_{n-2} > 0, b_{n-3} < 0, \ldots$ ist, darf man in die n linearen Gleichungen

$$\begin{cases} b_n z + b_{n-1} = 0, \\ b_{n-1} z + b_{n-2} = 0, \\ b_{n-2} z + b_{n-3} = 0, \\ \ldots\ldots\ldots\ldots\ldots\ldots \\ b_2 z + b_1 = 0, \\ b_1 z + b_0 = 0 \end{cases}$$

zerlegen. Die erste liefert bis auf einen relativ kleinen Fehler die Wurzel z_1 vom größten Absolutbetrag, die zweite Gleichung liefert die Wurzel z_2 vom zweitgrößten Absolutbetrag, ..., die n-te Gleichung liefert die Wurzel z_n vom kleinsten Absolutbetrag. Sämtliche z_ν sind positiv; es ist

$$|x_\nu| = \sqrt[2^k]{z_\nu}.$$

Das Vorzeichen von x_ν wird durch Probieren bestimmt.

Das *Rechenschema* werde an einer Gleichung dritten Grades gezeigt:

$\log\ b_3$			
	$\log\left(-\frac{b_2}{b_3}\right) = \log z_1$	$\frac{1}{2^k}\log z_1 = \log \lvert x_1 \rvert$	$\lvert x_1 \rvert$
$\log\,(-b_2)$			
	$\log\left(-\frac{b_1}{b_2}\right) = \log z_2$	$\frac{1}{2^k}\log z_2 = \log \lvert x_2 \rvert$	$\lvert x_2 \rvert$
$\log\ b_1$			
	$\log\left(-\frac{b_0}{b_1}\right) = \log z_3$	$\frac{1}{2^k}\log z_3 = \log \lvert x_3 \rvert$	$\lvert x_3 \rvert$
$\log\,(-b_0)$			

Man hört mit der Berechnung der $g_1(x), g_2(x), \ldots$ auf, wenn die doppelten Produkte im Rechenschema bei der zugrunde gelegten Genauigkeit gegenüber den quadratischen Gliedern keinen Einfluß mehr haben.

II. Fall: Es kommen Wurzeln gleichen Absolutbetrags, insbesondere konjugiert komplexe Wurzeln, vor. In diesem Fall verschwindet der Einfluß gewisser doppelter Produkte gegenüber den quadratischen Gliedern nie, so groß man auch k wählt. In diesem Fall läßt sich Gleichung (10) zerspalten in Gleichungen niedrigeren Grades, deren jede nur Wurzeln gleichen Absolutbetrages hat.

Gleichung sechsten Grades als *Beispiel* für die Zerlegung. Beim Übergang von $g_\varkappa(x)$ zu $g_{\varkappa+1}(x)$ habe das Rechenschema das folgende Aussehen

$$\begin{array}{ccccccc}
a_6^{(\varkappa)} & a_5^{(\varkappa)} & a_4^{(\varkappa)} & a_3^{(\varkappa)} & a_2^{(\varkappa)} & a_1^{(\varkappa)} & a_0^{(\varkappa)} \\
a_6^{(\varkappa)} & -a_5^{(\varkappa)} & a_4^{(\varkappa)} & -a_3^{(\varkappa)} & a_2^{(\varkappa)} & -a_1^{(\varkappa)} & a_0^{(\varkappa)} \\
\hline
a_6^{(\varkappa)2} & -a_5^{(\varkappa)2} & a_4^{(\varkappa)2} & -a_3^{(\varkappa)2} & a_2^{(\varkappa)2} & -a_1^{(\varkappa)2} & a_0^{(\varkappa)2}
\end{array}$$

Die ○ bedeuten doppelte Produkte von allmählich verschwindendem, die ● solche von bleibendem Einfluß. Man bleibt bei der Gleichung $g_\varkappa(x) = 0$ stehen, setzt $x^{2^\varkappa} = z$ und kann die Gleichung

$$b_6 z^6 + b_5 z^5 + b_4 z^4 + b_3 z^3 + b_2 z^2 + b_1 z + b_0 = 0$$

zerlegen in

$$\begin{cases} b_6 z + b_5 = 0\,, \\ b_5 z^2 + b_4 z + b_3 = 0\,, \\ b_3 z^3 + b_2 z^2 + b_1 z + b_0 = 0\,. \end{cases}$$

z_2 und z_3 haben gleiche Absolutbeträge, desgleichen z_4, z_5, z_6.

In gleicher Weise kann man verfahren, wenn Gruppen von Wurzeln mit nahezu gleichen Absolutbeträgen auftreten und der Einfluß der doppelten Produkte erst bei sehr großem $\varkappa$ verschwinden würde.

50. *Beispiel* zum Verfahren von Graeffe.

$$2x^3 - 31x^2 + 115x - 24 = 0.$$

2	-31	115	-24
2	31	115	24
4	-961	$1,323 \cdot 10^4$	-576
	460	$-0,149 \cdot 10^4$	
4	-501	$1,174 \cdot 10^4$	-576
4	501	$1,174 \cdot 10^4$	576
16	$-2,510 \cdot 10^5$	$1,378 \cdot 10^8$	$-3,318 \cdot 10^5$
	$0,939 \cdot 10^5$	$-0,006 \cdot 10^8$	
16	$-1,571 \cdot 10^5$	$1,372 \cdot 10^8$	$-3,318 \cdot 10^5$
16	$1,571 \cdot 10^5$	$-1,372 \cdot 10^8$	$3,318 \cdot 10^5$
256	$-2,468 \cdot 10^{10}$	$1,882 \cdot 10^{16}$	$-1,101 \cdot 10^{11}$
	$0,439 \cdot 10^{10}$	$-0,000 \cdot 10^{16}$	
256	$-2,029 \cdot 10^{10}$	$1,882 \cdot 10^{16}$	$-1,101 \cdot 10^{11}$
256	$2,029 \cdot 10^{10}$	$-1,882 \cdot 10^{16}$	$1,101 \cdot 10^{11}$
$6,554 \cdot 10^4$	$-4,117 \cdot 10^{20}$	$3,541 \cdot 10^{32}$	$-1,212 \cdot 10^{22}$
	$0,096 \cdot 10^{20}$	$0,000 \cdot 10^{32}$	
$6,554 \cdot 10^4$	$-4,021 \cdot 10^{20}$	$3,541 \cdot 10^{32}$	$-1,212 \cdot 10^{22}$

Beim nächsten Schritt würden die doppelten Produkte keinen Einfluß mehr haben.

$\log(\pm b_\nu)$	$\log z_\nu$	$\log \lvert x_\nu \rvert$	$\lvert x_\nu \rvert$
4,8165			
	15,7878	0,98674	9,6993
20,6043			
	11,9448	0,74655	5,5789
32,5491			
	$-10,4657$	$0,34589 - 1$	0,22176
22,0834			

Die gesuchten Wurzeln sind:

$$x_1 = 9,6993, \quad x_2 = 5,5789, \quad x_3 = 0,22176.$$

Also Probe dient: $x_1 + x_2 + x_3 = -\dfrac{a_2}{a_3} = \dfrac{31}{2}$.

51. *Schranken* für die reellen Wurzeln einer algebraischen Gleichung mit reellen Koeffizienten

$$f(x) \equiv x^n + a_{n-1} x^{n-1} + a_{n-2} x^{n-2} + \cdots + a_1 x + a_0 = 0$$

Mittels Division durch den Koeffizienten von x^n sei erreicht, daß $a_n = 1$ ist. Ferner sei $a_0 \neq 0$.

Regel von Cauchy: Sind $|a_r|, |a_s|, |a_t|, \ldots$ die absoluten Beträge der negativen Koeffizienten von $f(x)$ und ist m deren Anzahl, dann ist die größte der Zahlen

$$\sqrt[r]{m \cdot |a_r|}, \quad \sqrt[s]{m \cdot |a_s|}, \quad \sqrt[t]{m \cdot |a_t|}, \ldots$$

eine obere Schranke der positiven Wurzeln.

Ist X eine obere Schranke der positiven Wurzeln der Gleichung $f(-x) = 0$, dann ist $-X$ eine untere Schranke der negativen Wurzeln von $f(x) = 0$.

Ist X eine obere Schranke der positiven Wurzeln der Gleichung $f\left(\frac{1}{x}\right) = 0$, dann ist $\frac{1}{X}$ eine untere Schranke der positiven Wurzeln von $f(x) = 0$.

Ist X eine obere Schranke der positiven Wurzeln der Gleichung $f\left(-\frac{1}{x}\right) = 0$, dann ist $-\frac{1}{X}$ eine obere Schranke der negativen Wurzeln von $f(x) = 0$.

52. *Anzahl* der reellen Wurzeln einer algebraischen Gleichung mit reellen Koeffizienten

$$f(x) \equiv x^n + a_{n-1}x^{n-1} + \cdots + a_1 x + a_0 = 0, \quad a_n = 1, \quad a_0 \neq 0$$

in einem gegebenen Intervall $a \cdots b$.

Haben $f(a)$ und $f(b)$ (a, b reell) verschiedenes Vorzeichen, so liegt zwischen a und b eine ungerade Anzahl von Wurzeln der Gleichung $f(x) = 0$, also mindestens eine; haben $f(a)$ und $f(b)$ gleiches Vorzeichen, dann liegt zwischen a und b keine Wurzel oder eine gerade Anzahl von Wurzeln. Mehrfache Wurzeln sind mehrfach zu zählen.

Ist der Grad n der Gleichung ungerade, so hat diese mindestens eine reelle Wurzel, deren Vorzeichen dem des konstanten Gliedes a_0 entgegengesetzt ist; ist der Grad der Gleichung gerade und ist das konstante Glied a_0 negativ, dann hat sie mindestens eine positive und mindestens eine negative Wurzel.

Definition: Bestimmt man die Vorzeichen der einzelnen Glieder einer Aufeinanderfolge von Zahlen, so spricht man von einer „Zeichenfolge" („Zeichenwechsel"), wenn zwei aufeinanderfolgende Zahlen dasselbe (entgegengesetztes) Vorzeichen haben. Dem Wert 0 soll in jedem Falle ein bestimmtes, aber beliebiges Vorzeichen zugeschrieben werden.

Regel von Budan-Fourier: Es sei $f(a) \neq 0$, $f(b) \neq 0$, $a < b$. Ferner habe $f^{(n)}(x)$, die n-te Ableitung von $f(x)$, im Intervall $a \cdots b$ festes Vorzeichen. Man bestimmt die Vorzeichen von

$$f(x), f'(x), f''(x), \ldots, f^{(n)}(x)$$

für $x = a$ und $x = b$. Dann gilt: Für $x = b$ ist die Anzahl der Zeichenwechsel nicht größer als für $x = a$. Die Anzahl der in diesem Intervall liegenden reellen Wurzeln ist gleich der Anzahl der im Intervall verlorengehenden Zeichenwechsel oder um eine gerade Zahl kleiner. Der letzte Fall tritt nicht ein, wenn die Gleichung $f(x) = 0$ nur reelle Wurzeln besitzt. Die Regel gibt also eine obere Schranke für die Anzahl der in $a \cdots b$ liegenden Wurzeln.

Regel von Descartes: Die Anzahl der positiven Wurzeln der Gleichung $f(x) = 0$ ist gleich der Anzahl der Zeichenwechsel in der Reihe der Koeffizienten $a_n, a_{n-1}, \ldots, a_1\, a_0$ oder um eine gerade Zahl kleiner; die Anzahl der negativen Wurzeln der Gleichung $f(x) = 0$ ist gleich der Anzahl der Zeichenfolgen oder um eine gerade Zahl kleiner. Verschwindende Koeffizienten müssen (bei der obigen Formulierung) mit beliebig gewähltem Vorzeichen in Ansatz gebracht werden.

Sturmsche Kette: $f(x)$ und die Ableitung $f'(x)$ mögen keinen gemeinsamen Teiler $t(x)$ haben, die Gleichung $f(x) = 0$ habe also keine mehrfachen Wurzeln. Durch Division bildet man die folgende „Kette"

$$\begin{aligned}
f(x) &= g(x)\cdot f'(x) - f_1(x),\\
f'(x) &= g_1(x)\cdot f_1(x) - f_2(x),\\
f_1(x) &= g_2(x)\cdot f_2(x) - f_3(x),\\
&\cdots\cdots\cdots\cdots\cdots\cdots\\
f_\nu(x) &= g_{\nu+1}(x)\cdot f_{\nu+1}(x) - f_{\nu+2}(x),\\
&\cdots\cdots\cdots\cdots\cdots\cdots
\end{aligned}$$

Dabei ist zu beachten, daß die Reste mit negativem Vorzeichen angesetzt worden sind. Es sei $a < b$, $f(a) \neq 0$, $f(b) \neq 0$; ferner habe $f_m(x)$ in $a \cdots b$ festes Vorzeichen. (Man kann übrigens die Kette immer so weit fortsetzen, daß $f_m(x)$ eine Konstante ist.) Die Funktionen

$$f(x), f'(x), f_1(x), f_2(x), \ldots, f_m(x)$$

bilden dann eine Sturmsche Kette. Die Anzahl der im Intervall $a \cdots b$ gelegenen reellen Wurzeln der Gleichung $f(x) = 0$ ist genau gleich der Anzahl der beim Übergang von $x = a$ zu $x = b$ verlorengehenden Zeichenwechsel der Kette. Die Berechnung der Funktionswerte geschieht am besten mit Hilfe des Hornerschen Schemas.

53. *Auswirkung von Fehlern in den Koeffizienten.* Sind die Koeffizienten $a_0, a_1, a_2, \ldots, a_n$ der algebraischen Gleichung

$$a_n x^n + a_{n-1} x^{n-1} + \cdots + a_1 x + a_0 = 0$$

mit absoluten Fehlern $\Delta_0, \Delta_1, \ldots, \Delta_n$ behaftet und gilt für diese $|\Delta_\nu| < \Delta$ $(\nu = 0, 1, 2, \ldots, n)$, dann ist eine obere Schranke für den Absolutbetrag des absoluten Fehlers einer Wurzel ξ dieser Gleichung näherungsweise gegeben durch

$$\frac{\Delta}{|f'(\xi)|}\cdot\left|\frac{|\xi|^{n+1}-1}{|\xi|-1}\right|.$$

Sind die Koeffizienten mit den relativen Fehlern $\delta_0, \delta_1, \ldots, \delta_n$ behaftet und gilt für diese $\delta_\nu < \delta$ $(\nu = 0, 1, \ldots, n)$, dann ist eine obere Schranke für den relativen Fehler einer Wurzel ξ dieser Gleichung näherungsweise gegeben durch

$$\frac{\delta}{|\xi f'(\xi)|}\cdot\left[|a_n\xi^n| + |a_{n-1}\xi^{n-1}| + \cdots + |a_1\xi| + |a_0|\right].$$

Literatur zu Abschn. III, § 4:
L. Bieberbach u. G. Bauer, Vorlesungen über Algebra, 4. Aufl., Leipzig u. Berlin 1928.

§ 5. Systeme von Gleichungen.

54. *Ausdehnung der Verfahren* **37**, **39**, **41** auf Systeme von m Gleichungen mit m Unbekannten ist am Fall $m = 2$ zu ersehen. Für eine Lösung (a, b) des Gleichungssystems

$$(1) \qquad f(x, y) = 0, \quad g(x, y) = 0$$

seien die Näherungswerte (x_1, y_1) bekannt. Verbesserte Werte $(x_2, y_2), (x_3, y_3), \ldots$ kann man aus dem Ansatz

$$(2) \qquad \begin{cases} x_{\nu+1} = x_\nu + c^{(11)} f(x_\nu, y_\nu) + c^{(12)} g(x_\nu, y_\nu), \\ y_{\nu+1} = y_\nu + c^{(21)} f(x_\nu, y_\nu) + c^{(22)} g(x_\nu, y_\nu) \end{cases}$$

mit passend gewählten $c^{(\iota\varkappa)}$ finden. Wenn die (x_ν, y_ν) konvergieren und $c^{(11)} c^{(22)} - c^{(12)} c^{(21)} \neq 0$ ist, dann konvergieren sie gegen eine Lösung (a, b).

Läßt sich das System (1) zwanglos auf die Form

$$(3) \qquad x = \varphi(x, y), \quad y = \psi(x, y)$$

bringen, so kann die Lösung mittels *Iteration* gefunden werden:

$$(4) \quad x_{\nu+1} = \varphi(x_\nu, y_\nu), \quad y_{\nu+1} = \psi(x_\nu, y_\nu), \quad \nu = 1, 2, 3, \ldots$$

Dieses Verfahren konvergiert, wenn gleichzeitig

$$(5) \qquad \frac{\partial \varphi}{\partial x} + \frac{\partial \psi}{\partial x} < 1, \qquad \frac{\partial \varphi}{\partial y} + \frac{\partial \psi}{\partial y} < 1$$

ist in einer rechteckigen Umgebung der Lösung, in der sämtliche Näherungen liegen.

Die Rechenvorschrift des *Newtonschen Verfahrens* lautet für ein System zweier Gleichungen

$$(6) \qquad \begin{cases} x_{\nu+1} = x_\nu - \left(\dfrac{f \dfrac{\partial g}{\partial y} - g \dfrac{\partial f}{\partial y}}{\dfrac{\partial f}{\partial x} \dfrac{\partial g}{\partial y} - \dfrac{\partial f}{\partial y} \dfrac{\partial g}{\partial x}} \right)_{x=x_\nu,\ y=y_\nu}, \\[2ex] y_{\nu+1} = y_\nu - \left(\dfrac{g \dfrac{\partial f}{\partial x} - f \dfrac{\partial g}{\partial x}}{\dfrac{\partial f}{\partial x} \dfrac{\partial g}{\partial y} - \dfrac{\partial f}{\partial y} \dfrac{\partial g}{\partial x}} \right)_{x=x_\nu,\ y=y_\nu}, \quad \nu = 1, 2, 3, \ldots \end{cases}$$

Im Fall $m = 2$ findet man die Näherungswerte x_1, y_1 am besten graphisch, indem man die Kurven $f(x, y) = 0$ und $g(x, y) = 0$ in der Nähe der Lösung zeichnet und ihren Schnittpunkt bestimmt.

Bei drei Gleichungen mit drei Unbekannten

$$f(x, y, z) = 0, \quad g(x, y, z) = 0, \quad h(x, y, z) = 0,$$

für die x_1, y_1, z_1 Näherungswerte einer Lösung sind, berechnet man verbesserte Werte

$$x_{\nu+1} = x_\nu + \Delta x_\nu, \qquad y_{\nu+1} = y_\nu + \Delta y_\nu, \qquad z_{\nu+1} = z_\nu + \Delta z_\nu,$$
$$\nu = 1, 2, 3, \ldots$$

durch Auflösen des Systems dreier linearer Gleichungen

$$(7) \quad \begin{cases} \left(\frac{\partial f}{\partial x}\right)_\nu \Delta x_\nu + \left(\frac{\partial f}{\partial y}\right)_\nu \Delta y_\nu + \left(\frac{\partial f}{\partial z}\right)_\nu \Delta z_\nu + f(x_\nu, y_\nu, z_\nu) = 0, \\ \left(\frac{\partial g}{\partial x}\right)_\nu \Delta x_\nu + \left(\frac{\partial g}{\partial y}\right)_\nu \Delta y_\nu + \left(\frac{\partial g}{\partial z}\right)_\nu \Delta z_\nu + g(x_\nu, y_\nu, z_\nu) = 0, \\ \left(\frac{\partial h}{\partial x}\right)_\nu \Delta x_\nu + \left(\frac{\partial h}{\partial y}\right)_\nu \Delta y_\nu + \left(\frac{\partial h}{\partial z}\right)_\nu \Delta z_\nu + h(x_\nu, y_\nu, z_\nu) = 0 \end{cases}$$

nach den Unbekannten $\Delta x_\nu, \Delta y_\nu, \Delta z_\nu$. Der Index ν an den partiellen Differentialquotienten bedeutet, daß diese an der Stelle x_ν, y_ν, z_ν zu nehmen sind.

Die Bestimmung der *komplexen Wurzeln* z einer Gleichung $F(z) = 0$ geschieht in der Weise, daß man $z = x + iy$ einsetzt und $F(z)$ in Realteil und Imaginärteil zerlegt:

$$F(z) \equiv f(x, y) + i\, g(x, y).$$

Realteile und Imaginärteile der Wurzeln z bestimmen sich aus dem Gleichungssystem

$$f(x, y) = 0, \quad g(x, y) = 0.$$

55. *Systeme linearer Gleichungen.* Gesucht ist die Lösung $\mathfrak{x} \equiv (x_1, x_2, \ldots, x_n)$ des linearen Gleichungssystems

$$(8) \qquad \sum_{\varkappa=1}^{n} a_{\iota\varkappa} x_\varkappa = r_\iota, \qquad \iota = 1, 2, \ldots, n$$

oder ausführlicher geschrieben

$$(8')\quad \begin{cases} a_{11}x_1 + a_{12}x_2 + \cdots + a_{1n}x_n = r_1, \\ a_{21}x_1 + a_{22}x_2 + \cdots + a_{2n}x_n = r_2, \\ \cdots\cdots\cdots\cdots\cdots\cdots\cdots\cdots \\ a_{n1}x_1 + a_{n2}x_2 + \cdots + a_{nn}x_n = r_n, \end{cases}$$

dessen Determinante von Null verschieden sei. Die Lösung mittels Determinanten oder mittels schrittweise durchgeführter Elimination wird für $n > 4$ bald unübersichtlich und zeitraubend; außerdem ist die Genauigkeit von Beginn der Rechnung an festgelegt. In manchen Fällen ist das nachstehende Verfahren der Näherungsfolgen verwendbar, das diese Nachteile nicht hat. Es ist für die Benutzung der Rechenmaschine sehr geeignet. Kleinere Irrtümer und Fehler pflanzen sich nicht fort, sondern verzögern höchstens die Konvergenz.

Aus einer bekannten ersten Näherung

$$\mathfrak{x}^{(1)} \equiv (x_1^{(1)}, x_2^{(1)}, \ldots, x_n^{(1)})$$

werden weitere verbesserte Näherungen $\mathfrak{x}^{(2)}, \mathfrak{x}^{(3)}, \ldots, \mathfrak{x}^{(\nu)}, \ldots$ berechnet, die unter gewissen Bedingungen mit $\nu \to \infty$ gegen die Lösung $\mathfrak{x}$ konvergieren.

Rechenvorschrift:

$$(9)\quad \begin{cases} x_1^{(\nu+1)} = -\dfrac{1}{a_{11}}\,(\qquad a_{12}x_2^{(\nu)} + a_{13}x_3^{(\nu)} + \cdots + a_{1n}^{(\nu)}x_n^{(\nu)} - r_1), \\ x_2^{(\nu+1)} = -\dfrac{1}{a_{22}}\,(a_{21}x_1^{(\nu)} \qquad + a_{23}x_3^{(\nu)} + \cdots + a_{2n}^{(\nu)}x_n^{(\nu)} - r_2), \\ x_3^{(\nu+1)} = -\dfrac{1}{a_{33}}\,(a_{31}x_1^{(\nu)} + a_{32}x_2^{(\nu)} \qquad + \cdots + a_{3n}^{(\nu)}x_n^{(\nu)} - r_3), \\ \cdots\cdots\cdots\cdots\cdots\cdots\cdots\cdots\cdots\cdots\cdots\cdots \\ x_n^{(\nu+1)} = -\dfrac{1}{a_{nn}}\,(a_{n1}x_1^{(\nu)} + a_{n2}x_2^{(\nu)} + a_{n3}x_3^{(\nu)} + \cdots \qquad - r_n), \\ \qquad \nu = 1, 2, 3, \ldots \end{cases}$$

Auf der rechten Seite fehlen in den Klammern die Glieder mit den Koeffizienten $a_{11}, a_{22}, \ldots, a_{nn}$.

Das Verfahren (9) ist konvergent, wenn mindestens eine

der drei folgenden Bedingungen (10), (11), (12) erfüllt ist:

$$\sum_{\substack{\iota=1\\ \iota\neq\varkappa}}^{n}\left|\frac{a_{\iota\varkappa}}{a_{\iota\iota}}\right|\leqq\mu<1,\qquad \varkappa=1,2,\ldots,n \tag{10}$$

oder

$$\sum_{\substack{\varkappa=1\\ \varkappa\neq\iota}}^{n}\left|\frac{a_{\iota\varkappa}}{a_{\iota\iota}}\right|\leqq\mu'<1,\qquad \iota=1,2,\ldots,n \tag{11}$$

oder

$$\sum_{\iota}\sum_{\substack{\varkappa\\ \iota\neq\varkappa}}\left(\frac{a_{\iota\varkappa}}{a_{\iota\iota}}\right)^2<1. \tag{12}$$

Wenn die Determinante des Gleichungssystems von Null verschieden ist, können die Unbekannten immer so numeriert werden, daß alle $a_{\iota\iota}\neq 0$ sind.

Der Ansatz (9) kann so abgeändert werden, daß auf der rechten Seite in den Klammern unterhalb der Hauptdiagonale statt $x_1^{(\nu)}, x_2^{(\nu)},\ldots$ die bereits bekannten Werte $x_1^{(\nu+1)}, x_2^{(\nu+1)},\ldots$ verwendet werden; die Rechenvorschrift lautet dann:

$$(13)\quad\begin{cases}
x_1^{(\nu+1)}= -\dfrac{1}{a_{11}}\left(a_{12}x_2^{(\nu)}+a_{13}x_3^{(\nu)}+\cdots+a_{1n}x_n^{(\nu)}-r_1\right),\\
x_2^{(\nu+1)}= -\dfrac{1}{a_{22}}\left(a_{21}x_1^{(\nu+1)}+a_{23}x_3^{(\nu)}+\cdots+a_{2n}x_n^{(\nu)}-r_2\right),\\
x_3^{(\nu+1)}= -\dfrac{1}{a_{33}}\left(a_{31}x_1^{(\nu+1)}+a_{32}x_2^{(\nu+1)}+\cdots+a_{3n}x_n^{(\nu)}-r_3\right),\\
\cdots\cdots\cdots\cdots\cdots\cdots\cdots\cdots\cdots\cdots\\
x_n^{(\nu+1)}= -\dfrac{1}{a_{nn}}\left(a_{n1}x_1^{(\nu+1)}+a_{n2}x_2^{(\nu+1)}+a_{n3}x_3^{(\nu+1)}+\cdots-r_n\right).
\end{cases}$$

Das Verfahren (13) ist konvergent, wenn die Koeffizientenmatrix des Gleichungssystems symmetrisch ist ($a_{\iota\varkappa} = a_{\varkappa\iota}$) und die zu ihr gehörige quadratische Form $\sum\limits_{\iota}\sum\limits_{\varkappa} a_{\iota\varkappa} x_\iota x_\varkappa$ positiv definit ist. Ein beliebiges System linearer Gleichungen

$$(14) \qquad \sum_{\varkappa} b_{\lambda\varkappa} x_\varkappa = s_\lambda, \qquad \mathfrak{B}\mathfrak{x} = \mathfrak{s}$$

kann stets in ein solches verwandelt werden, daß diese Bedingungen erfüllt sind. Man bildet

$$(15) \qquad \sum_{\lambda}\sum_{\varkappa} b_{\lambda\iota} b_{\lambda\varkappa} x_\varkappa = \sum_{\lambda} b_{\lambda\iota} s_\lambda, \qquad \mathfrak{B}'\mathfrak{B}\mathfrak{x} = \mathfrak{B}'\mathfrak{s}.$$

Setzt man

$$(16) \qquad \sum_{\lambda} b_{\lambda\iota} b_{\lambda\varkappa} = a_{\iota\varkappa}, \qquad \mathfrak{B}'\mathfrak{B} = \mathfrak{A},$$

$$(17) \qquad \sum_{\lambda} b_{\lambda\iota} s_\lambda = r_\iota, \qquad \mathfrak{B}'\mathfrak{s} = \mathfrak{r},$$

dann ist

$$(18) \qquad \sum_{\varkappa} a_{\iota\varkappa} x_\varkappa = r_\iota, \qquad \mathfrak{A}\mathfrak{x} = \mathfrak{r}$$

ein Gleichungssystem mit symmetrischer Matrix und zugehöriger positiv definiter quadratischer Form, das dieselbe Lösung wie (14) besitzt. Der Übersichtlichkeit halber sind die Formeln in Matrizenschreibweise beigefügt worden; $\mathfrak{B}'$ bedeutet die zu $\mathfrak{B}$ transponierte Matrix.

Wenn zwar die genannten Bedingungen erfüllt sind, aber einige Ausdrücke (10), (11), (12) nahezu gleich 1 sind oder die Hauptdiagonalkoeffizienten $a_{11}, a_{22}, \ldots, a_{nn}$ in (13) nicht genügend groß gegenüber den übrigen Koeffizienten sind, ist die Konvergenz im allgemeinen so langsam, daß die praktische Brauchbarkeit in Frage gestellt ist.

56. *Beispiel:* Das Gleichungssystem

$$\begin{aligned}
75x_1 + 3x_2 + 5x_3 + 13x_4 + 15x_5 &= 132,\\
9x_1 - 25x_2 - x_3 - x_4 + 3x_5 &= -52,\\
13x_1 + 7x_2 + 69x_3 + 2x_4 + 3x_5 &= 239,\\
8x_1 - 18x_2 - 17x_3 - 50x_4 + 7x_5 &= -286,\\
10x_1 + x_2 - 20x_3 + 2x_4 + 58x_5 &= -100
\end{aligned}$$

kann nach Verfahren (9) gelöst werden, da Bedingung (10) erfüllt ist. Bedingung (11) ist übrigens für $\iota = 4$ nicht erfüllt. Ausgehend von der Näherung

$$x_1^{(1)} = 1,\ x_2^{(1)} = 2,\ x_3^{(1)} = 3,\ x_4^{(1)} = 4,\ x_5^{(1)} = -1$$

erhält man

$\nu =$	2	3	4	5	6	7
$x_1^{(\nu)} =$	0,99	0,991	0,995	0,9951	0,99510	0,99519
$x_2^{(\nu)} =$	2,04	2,033	2,034	2,0350	2,03489	2,03492
$x_3^{(\nu)} =$	3,00	2,999	2,999	2,9994	2,99935	2,99937
$x_4^{(\nu)} =$	4,00	3,980	3,982	3,9826	3,98207	3,98214
$x_5^{(\nu)} =$	–1,03	–1,033	–1,033	–1,0339	–1,03385	–1,03384

Literatur zu Abschn. III:
Praktische Verfahren der Gleichungsauflösung, Ztschr. f. ang. Math. u. Mech., **9**, 1929, S. 58—77 und S. 152—164.

IV. Abschnitt.

Interpolation.

§ 1. Differenzenrechnung.

57. *Dividierte Differenzen (Steigungen).* Von einer Funktion $f(x)$ sind die Funktionswerte $f(a_0), f(a_1), \ldots, f(a_n)$ gegeben. Die Argumente $a_0, a_1, \ldots, a_n$ brauchen weder äquidistant noch der Größe nach geordnet zu sein. Man definiert

$$\frac{f(a_\alpha) - f(a_\beta)}{a_\alpha - a_\beta} = f(a_\alpha, a_\beta),$$

$$\frac{f(a_\alpha, a_\beta) - f(a_\beta, a_\gamma)}{a_\alpha - a_\gamma} = f(a_\alpha, a_\beta, a_\gamma),$$

$$\frac{f(a_\alpha, a_\beta, a_\gamma) - f(a_\beta, a_\gamma, a_\delta)}{a_\alpha - a_\delta} = f(a_\alpha, a_\beta, a_\gamma, a_\delta), \ldots$$

als dividierte Differenzen erster, zweiter, dritter, ... Ordnung. Die dividierten Differenzen sind symmetrische Funktionen ihrer Argumente. Es gilt

$$(1)\quad f(a_0, a_1, \ldots, a_n) = \sum_{\nu=0}^{n} \frac{f(a_\nu)}{(a_\nu - a_0)(a_\nu - a_1)\ldots(a_\nu - a_{\nu-1})(a_\nu - a_{\nu+1})\ldots(a_\nu - a_n)}$$

und als Identität in x

$$(2)\quad \begin{cases} f(x) \equiv f(a_0) + (x-a_0) f(a_0, a_1) + (x-a_0)(x-a_1) f(a_0, a_1, a_2) \\ \quad + (x-a_0)(x-a_1)(x-a_2) f(a_0, a_1, a_2, a_3) + \cdots \\ \quad + (x-a_0)(x-a_1)\ldots(x-a_{n-1}) f(a_0, a_1, \ldots, a_n) \\ \quad + (x-a_0)(x-a_1)\ldots(x-a_n) f(x, a_0, a_1, \ldots, a_n). \end{cases}$$

Ist $f(x)$ eine reelle Funktion der reellen Veränderlichen x, dann gilt

$$(3)\qquad f(a_0, a_1, \ldots, a_n) = \frac{1}{n!} f^{(n)}(\xi)$$

mit

$$\min(a_0, a_1, \ldots, a_n) < \xi < \max(a_0, a_1, \ldots, a_n),$$

falls $f(x)$ in diesem Intervall endliche, stetige Ableitungen bis zur n-ten besitzt.

Die dividierten Differenzen n-ter Ordnung einer ganzen rationalen Funktion n-ten Grades sind konstant, die von höherer als n-ter Ordnung verschwinden sämtlich.

Schema zur Berechnung der dividierten Differenzen:

a_0	f_0							
a_1	f_1	$a_1 - a_0$	$f_1 - f_0$	f_{10}				
a_2	f_2	$a_2 - a_0$	$f_2 - f_0$	f_{20}	$a_2 - a_1$	$f_{20} - f_{10}$	f_{210}	
a_3	f_3	$a_3 - a_0$	$f_3 - f_0$	f_{30}	$a_3 - a_1$	$f_{30} - f_{10}$	f_{310}	...
...	...	...	...	...	...	...	...	

$f_\alpha, f_{\alpha\beta}, f_{\alpha\beta\gamma}, \ldots$ ist hier zur Abkürzung für $f(a_\alpha), f(a_\alpha, a_\beta), f(a_\alpha, a_\beta, a_\gamma), \ldots$ geschrieben worden. Beim Rechnen benutzt man vorteilhaft

$$(a_2 - a_0) - (a_1 - a_0) = a_2 - a_1, \ldots$$

58. Von der Funktion $y = f(x)$ seien jetzt die Werte $y_\nu = f(x_\nu)$ an *äquidistanten*, der Größe nach numerierten Stellen

$$\ldots, x_{-2}, x_{-1}, x_0, x_1, x_2, x_3, \ldots \quad (x_{\nu+1} - x_\nu = h,\ x_\nu = x_0 + \nu h)$$

gegeben. Man definiert

$$(4)\quad \Delta y_\nu = y_{\nu+1} - y_\nu, \qquad \Delta f(x_\nu) = f(x_{\nu+1}) - f(x_\nu)$$

als *Differenzen* erster Ordnung. Die Differenzen höherer Ordnung sind entsprechend definiert durch

$$(5)\quad \begin{cases} \Delta^k y_\nu = \Delta^{k-1} y_{\nu+1} - \Delta^{k-1} y_\nu, \\ \Delta^k f(x_\nu) = \Delta^{k-1} f(x_{\nu+1}) - \Delta^{k-1} f(x_\nu), \end{cases} \quad k = 1, 2, 3, \ldots$$

Jede Differenz läßt sich als in den Funktionswerten linearer Ausdruck schreiben

$$(6)\quad \Delta^k y_\nu = y_{\nu+k} - \binom{k}{1} y_{\nu+k-1} + \binom{k}{2} y_{\nu+k-2} - \cdots + (-1)^k \binom{k}{k} y_\nu .$$

Umgekehrt ist

$$(7)\quad y_{\nu+k} = y_\nu + \binom{k}{1} \Delta y_\nu + \binom{k}{2} \Delta^2 y_\nu + \cdots + \binom{k}{k} \Delta^k y_\nu .$$

Zusammenhang mit den dividierten Differenzen:

$$(8)\quad f(x_0, x_1, x_2, \ldots, x_n) = \frac{\Delta^n f(x_0)}{n! \cdot h^n} .$$

Ist $f(x)$ eine ganze rationale Funktion n-ten Grades, dann ist die n-te Differenz konstant und alle höheren Differenzen verschwinden.

Als *Differenzenschema* wird die folgende Tafel der Funktionswerte und ihrer Differenzen bezeichnet.

$\ldots$	$\ldots$	$\ldots$			
x_{-1}	$f(x_{-1}) = y_{-1}$		$\ldots$		
		Δy_{-1}		$\ldots$	
x_0	$f(x_0) = y_0$		$\Delta^2 y_{-1}$		$\ldots$
		Δy_0		$\Delta^3 y_{-1}$	
x_1	$f(x_1) = y_1$		$\Delta^2 y_0$		$\Delta^4 y_{-1}$
		Δy_1		$\Delta^3 y_0$	
x_2	$f(x_2) = y_2$		$\Delta^2 y_1$		$\ldots$
		Δy_2		$\ldots$	
x_3	$f(x_3) = y_3$		$\ldots$		
		$\ldots$			
$\ldots$	$\ldots$				

Da $y_\nu, \Delta y_\nu, \Delta^2 y_\nu, \Delta^3 y_\nu, \ldots$ in einer absteigenden Schrägzeile liegen, heißen die Δ *absteigende Differenzen* oder auf Grund der Definition (4) auch *vorwärts genommene* Differenzen.

Zur Probe wird benutzt

$$(9)\qquad \sum_{\nu=m}^{n} \Delta^k y_\nu = \Delta^{k-1} y_{n+1} - \Delta^{k-1} y_m, \qquad n > m.$$

Einfluß eines Meßfehlers auf das Differenzenschema. Angenommen, die Funktionswerte seien alle 0, nur an einer Stelle trete ein Fehler von der Größe ε auf. Dann hat das Differenzenschema das folgende Aussehen

y_ν	Δy_ν	$\Delta^2 y_\nu$	$\Delta^3 y_\nu$	$\Delta^4 y_\nu$	$\Delta^5 y_\nu$	...
0		0		0		
	0		0		ε	.
0		0		ε		.
	0		ε		-5ε	.
0		ε		-4ε		.
	ε		-3ε		10ε	.
ε		-2ε		6ε		.
	$-\varepsilon$		3ε		-10ε	.
0		ε		-4ε		.
	0		$-\varepsilon$		5ε	.
0		0		ε		.
	0		0		$-\varepsilon$	.
0		0		0		.

Der Einfluß des Fehlers macht sich in einem Winkelraum geltend, der von einer aufsteigenden und einer absteigenden Schräglinie begrenzt ist, und zwar werden die höheren Differenzen immer stärker beeinflußt.

Durch die Transformation

$$(10)\qquad u = \frac{x - x_0}{h}$$

wird das Intervall der Argumente gleich 1 und zugleich aus der Stelle $x = x_0$ die Stelle $u = 0$. Wir setzen

$$(11)\qquad \begin{cases} f(x) = f(x_0 + uh) \equiv F(u), \\ \Delta^k F(u) = \Delta^{k-1} F(u+1) - \Delta^{k-1} F(u). \end{cases}$$

59. Es ist vielfach praktisch, noch zwei andere Bezeichnungen der Differenzen zu verwenden. Die *aufsteigenden* oder *rückwärts genommenen Differenzen* sind definiert durch

$$(12)\quad \begin{cases} \nabla f(x_\nu) = f(x_\nu) - f(x_{\nu-1}), \\ \nabla^k f(x_\nu) = \nabla^{k-1} f(x_\nu) - \nabla^{k-1} f(x_{\nu-1}), \\ \nabla F(u) = F(u) - F(u-1), \\ \nabla^k F(u) = \nabla^{k-1} F(u) - \nabla^{k-1} F(u-1), \end{cases}$$

die *zentralen Differenzen* durch

$$(13)\quad \begin{cases} \delta f(x_\nu) = f(x_{\nu+\frac{1}{2}}) - f(x_{\nu-\frac{1}{2}}), \\ \delta^k f(x_\nu) = \delta^{k-1} f(x_{\nu+\frac{1}{2}}) - \delta^{k-1} f(x_{\nu-\frac{1}{2}}), \\ \delta F(u) = F(u+\tfrac{1}{2}) - F(u-\tfrac{1}{2}), \\ \delta^k F(u) = \delta^{k-1} F(u+\tfrac{1}{2}) - \delta^{k-1} F(u-\tfrac{1}{2}). \end{cases}$$

$\delta^k f(x_\nu)$ und $\delta^k F(u)$ sind bei geradem k nur für ganzzahlige Werte von ν und u definiert und bei ungeradem k nur für halbzahlige Werte. Bei den zentralen Differenzen ist sofort zu erkennen, in welcher Horizontalreihe ein Wert steht.

Der Übergang zwischen den verschiedenen Bezeichnungen wird vermittelt durch

$$(14)\quad \nabla^k f(x_\nu) = \Delta^k f(x_{\nu-k}), \qquad \nabla^k F(u) = \Delta^k F(u-k),$$

$$(15)\quad \delta^k f(x_\nu) = \Delta^k f(x_{\nu-\frac{k}{2}}), \qquad \delta^k F(u) = \Delta^k F\left(u - \frac{k}{2}\right).$$

Die k-te Differenz eines Produktes ist

$$(16)\quad \Delta^k F(u)\, G(u) = \sum_{\varkappa=0}^{k} \binom{k}{\varkappa} \Delta^{k-\varkappa} F(u+\varkappa)\, \Delta^\varkappa G(u),$$

$$(17)\quad \delta^k F(u) G(u) = \sum_{\varkappa=0}^{k} \binom{k}{\varkappa} \delta^{k-\varkappa} F\left(u + \frac{\varkappa}{2}\right) \delta^\varkappa G\left(u - \frac{k-\varkappa}{2}\right).$$

Ist

$$(18)\quad \omega(x) = (x-x_0)(x-x_1)\cdots(x-x_{n-1}), \qquad x_{\nu+1} - x_\nu = h = \Delta x,$$

dann gilt

$$(19)\quad \frac{\Delta\omega(x)}{\Delta x} = n(x-x_0)(x-x_1)\cdots(x-x_{n-2}).$$

60. *Differenzen einer Funktion zweier Veränderlichen.* Von der Funktion $z = f(x, y)$ seien die Werte $z_{\mu\nu} = f(x_\mu, y_\nu)$ an äquidistanten Stellen

$$\ldots, x_{-2}, x_{-1}, x_0, x_1, x_2, x_3, \ldots; \quad x_{\mu+1} - x_\mu = h, \quad x_\mu = x_0 + \mu h$$
$$\ldots, y_{-2}, y_{-1}, y_0, y_1, y_2, y_3, \ldots; \quad y_{\nu+1} - y_\nu = k, \quad y_\nu = y_0 + \nu k$$
gegeben. Man definiert

$$(20) \quad \Delta_x z_{\mu\nu} = z_{\mu+1,\nu} - z_{\mu\nu}, \qquad \Delta_y z_{\mu\nu} = z_{\mu\,\nu+1} - z_{\mu\nu}$$

als Differenzen erster Ordnung. Die Differenzen zweiter Ordnung sind entsprechend definiert durch

$$(21)\begin{cases} \Delta_x^2 z_{\mu\nu} = \Delta_x z_{\mu+1,\nu} - \Delta_x z_{\mu\nu}, \quad \Delta_y^2 z_{\mu\nu} = \Delta_y z_{\mu\,\nu+1} - \Delta_y z_{\mu\nu}, \\ \Delta_x \Delta_y z_{\mu\nu} = \Delta_x z_{\mu\,\nu+1} - \Delta_x z_{\mu\nu} = \Delta_y z_{\mu+1\,\nu} - \Delta_y z_{\mu\nu} = \Delta_y \Delta_x z_{\mu\nu} \end{cases}$$

usw.

Bei Verwendung zentraler Differenzen lauten die Definitionen (20)

$$(22) \quad \delta_x z_{\mu\nu} = z_{\mu+\frac{1}{2}\,\nu} - z_{\mu-\frac{1}{2}\,\nu}, \qquad \delta_y z_{\mu\nu} = z_{\mu\,\nu+\frac{1}{2}} - z_{\mu\,\nu-\frac{1}{2}}$$

usw.

§ 2. Das Interpolationspolynom.

61. Die *Aufgabe der Interpolation* (im weiteren Sinne) ist es, eine ganze rationale Funktion (Polynom) anzugeben, die an vorgeschriebenen Stellen $a_0, a_1, \ldots, a_n$ vorgeschriebene Werte $f(a_0), f(a_1), \ldots, f(a_n)$ annehmen soll.

Ist $f(x)$ eine beliebige Funktion, so kann diese derart *angenähert* werden, daß man sie durch die ganze rationale Funktion ersetzt, die mit ihr an gewissen Stellen übereinstimmt; für das Restglied, d. h. die Differenz zwischen $f(x)$ und der Annäherungsfunktion lassen sich Abschätzungen angeben, falls $f(x)$ hinreichend oft differentiierbar ist.

Sind von einer Funktion $f(x)$ gewisse Funktionswerte $f(a_0), f(a_1), \ldots, f(a_n)$ empirisch (etwa durch Messung) gefunden, dann ist die Angabe des Interpolationspolynoms, das an den Stellen a_ν die beobachteten Werte $f(a_\nu)$ annimmt, eine naheliegende Annahme über den Gesamtverlauf der Funktion.

Über eine andere Art der Annäherung vgl. Abschn. VI.

Von „Extrapolation“ pflegt man bisweilen zu reden, wenn das Interpolationspolynom an Stellen verwendet wird, die außerhalb des kleinsten und größten Wertes a_ν liegen.

62. *Die Interpolationsformeln von Newton und Lagrange.* Die Stellen $a_0, a_1, a_2, \ldots, a_n$ brauchen weder äquidistant, noch der Größe nach numeriert zu sein. Aus der Identität (2) in **57** folgt die Formel von *Newton:*

$$(1)\quad \begin{cases} f(x) = f(a_0) + (x-a_0)\, f(a_0, a_1) \\ \qquad + (x-a_0)(x-a_1)\, f(a_0, a_1, a_2) \\ \qquad + (x-a_0)(x-a_1)(x-a_2)\, f(a_0, a_1, a_2, a_3) + \ldots \\ \qquad + (x-a_0)(x-a_1)\ldots(x-a_{n-1})\, f(a_0, a_1, \ldots, a_n) \\ \qquad\qquad + R_{n+1}(x). \end{cases}$$

Die Formel von *Lagrange* ist praktisch weniger wichtig; sie lautet

$$(2)\qquad f(x) = \sum_{\nu=0}^{n} \frac{f(a_\nu)\,\omega(x)}{\omega'(a_\nu)\,(x-a_\nu)} + R_{n+1}(x),$$

wobei

$$(3)\qquad \omega(x) = (x-a_0)(x-a_1)\ldots(x-a_n)$$

und

$$(4)\quad \omega'(a_\nu) = (a_\nu - a_0)\ldots(a_\nu - a_{\nu-1})(a_\nu - a_{\nu+1})\ldots(a_\nu - a_n)$$

ist. Das Restglied in (1) und (2) ist

$$(5)\qquad R_{n+1}(x) = \frac{(x-a_0)(x-a_1)\ldots(x-a_n)}{(n+1)!}\, f^{(n+1)}(\xi),$$

wobei ξ eine Stelle zwischen der kleinsten und größten der Zahlen $x, a_0, a_1, \ldots, a_n$ ist:

$$(6)\qquad \min(x, a_0, a_1, \ldots, a_n) < \xi < \max(x, a_0, a_1, \ldots, a_n).$$

Wenn $f(x)$ ein Polynom n-ten Grades ist, ist $f^{(n+1)}(x) \equiv 0$, also auch $R_{n+1}(x) \equiv 0$. Die rechte Seite von (1) und (2) ohne das Glied $R_{n+1}(x)$ ist das Polynom n-ten Grades, das an den $n+1$ Stellen $a_0, a_1, \ldots, a_n$ die Werte $f(a_0), f(a_1), \ldots, f(a_n)$ annimmt.

63. *Äquidistante Interpolationsstellen.* Die Interpolationsstellen a_ν seien äquistant mit dem Abstand h. Wenn sie der Größe nach numeriert sind, sollen sie mit $\ldots, x_{-2}, x_{-1}, x_0, x_1, x_2, x_3, \ldots$ bezeichnet werden. Es ist also

(7) $$x_{\nu+1} - x_\nu = h, \qquad x_\nu = x_0 + \nu h\,.$$

I) Man wählt $a_0 = x_0,\ a_1 = x_0 + h,\ a_2 = x_0 + 2h, \ldots$

(8) $$\begin{cases} f(x) = f(x_0) + \dfrac{x - x_0}{1!}\dfrac{\Delta f(x_0)}{h} + \dfrac{(x-x_0)(x-x_1)}{2!}\dfrac{\Delta^2 f(x_0)}{h^2} \\ \quad + \cdots + \dfrac{(x-x_0)(x-x_1)\ldots(x-x_{n-1})}{n!}\dfrac{\Delta^n f(x_0)}{h^n} \\ \quad + \dfrac{(x-x_0)(x-x_1)\ldots(x-x_n)}{(n+1)!} f^{(n+1)}(\xi), \\ \quad \min(x, x_0, x_n) < \xi < \max(x, x_0, x_n). \end{cases}$$

Wird statt x die Veränderliche u eingeführt,

(9) $$\begin{cases} x - x_0 = hu, \quad f(x) = f(x_0 + uh) \equiv F(u), \\ \Delta f(x) = f(x+h) - f(x) = \Delta F(u) = F(u+1) - F(u), \end{cases}$$

dann lautet (8)

(N_1) $$\begin{cases} F(u) = F(0) + \dfrac{u}{1!}\Delta F(0) + \dfrac{u(u-1)}{2!}\Delta^2 F(0) \\ \quad + \dfrac{u(u-1)(u-2)}{3!}\Delta^3 F(0) \\ \quad + \cdots + \dfrac{u(u-1)\ldots(u-n+1)}{n!}\Delta^n F(0) \\ \quad + \dfrac{u(u-1)\ldots(u-n)}{(n+1)!} F^{(n+1)}(\eta), \\ \quad \min(u, 0, n) < \eta < \max(u, 0, n). \end{cases}$$

(Newtonsche Formel mit absteigenden Differenzen.)

$F^{(n+1)} = h^{n+1} f^{(n+1)}$ bedeutet die $(n+1)$-te Ableitung von F nach u.

II) Man wählt $a_0 = x_0,\ a_1 = x_0 - h,\ a_2 = x_0 - 2h, \ldots$ und benutzt die Bezeichnung der aufsteigenden Differenzen.

(N_2) $$\begin{cases} F(u) = F(0) + \dfrac{u}{1!}\nabla F(0) + \dfrac{u(u+1)}{2!}\nabla^2 F(0) \\ \quad + \dfrac{u(u+1)(u+2)}{3!}\nabla^3 F(0) \end{cases}$$

$$(\mathrm{N}_2)\left\{\begin{aligned}&+\cdots+\frac{u(u+1)\ldots(u+n-1)}{n!}\nabla^n F(0)\\&+\frac{u(u+1)\ldots(u+n)}{(n+1)!}F^{(n+1)}(\eta),\\&\min(u,0,-n)<\eta<\max(u,0,-n).\end{aligned}\right.$$

(Newtonsche Formel mit aufsteigenden Differenzen).

III) Man wählt $a_0=x_0$, $a_1=x_0-h$, $a_2=x_0+h$, $a_3=x_0-2h$, $a_4=x_0+2h,\ldots$ und benutzt die Bezeichnung der zentralen Differenzen.

$$(\mathrm{G}_1)\left\{\begin{aligned}&F(u)=F(0)+\frac{u}{1!}\delta F\left(-\frac{1}{2}\right)+\frac{u(u+1)}{2!}\delta^2F(0)\\&\quad+\frac{u(u+1)(u-1)}{3!}\delta^3F\left(-\frac{1}{2}\right)\\&\quad+\frac{u(u+1)(u-1)(u+2)}{4!}\delta^4F(0)\\&\quad+\frac{u(u+1)(u-1)(u+2)(u-2)}{5!}\delta^5F\left(-\frac{1}{2}\right)\\&\quad+\cdots+R_{n+1},\\&R_{n+1}=\binom{u+\frac{1}{2}(n+1)}{n+1}F^{(n+1)}(\eta)\qquad(n\text{ ungerade}),\\&R_{n+1}=\binom{u+\frac{1}{2}n}{n+1}F^{(n+1)}(\eta)\qquad(n\text{ gerade}).\end{aligned}\right.$$

(Erste Gaußsche Formel).

R_{n+1} ist das Restglied, wenn die vorstehende Formel bei dem Gliede mit u^n abgebrochen wird. Die Stelle η liegt wieder zwischen der kleinsten und größten Zahl der Zahlengruppe, die aus u und den bei der Interpolation benutzten Stellen $0,-1,1,-2,\ldots$ besteht.

IV) Man wählt $a_0=x_0$, $a_1=x_0+h$, $a_2=x_0-h$, $a_3=x_0+2h$, $a_4=x_0-2h,\ldots$ und benutzt die Bezeichnung der zentralen Differenzen.

$$
(\mathrm{G}_2)\left\{\begin{aligned}
F(u) &= F(0) + \frac{u}{1!}\,\delta F\left(\frac{1}{2}\right) + \frac{u(u-1)}{2!}\,\delta^2 F(0) \\
&\quad + \frac{u(u-1)(u+1)}{3!}\,\delta^3 F\left(\frac{1}{2}\right) \\
&\quad + \frac{u(u-1)(u+1)(u-2)}{4!}\,\delta^4 F(0) \\
&\quad + \frac{u(u-1)(u+1)(u-2)(u+2)}{5!}\,\delta^5 F\left(\frac{1}{2}\right) \\
&\quad + \cdots + R_{n+1}, \\
R_{n+1} &= \binom{u+\frac{1}{2}(n-1)}{n+1} F^{(n+1)}(\eta) \qquad (n \text{ ungerade}), \\
R_{n+1} &= \binom{u+\frac{1}{2}n}{n+1} F^{(n+1)}(\eta) \qquad (n \text{ gerade}).
\end{aligned}\right.
$$

(Zweite Gaußsche Formel).

Wegen R_{n+1} und der Stelle η vgl. das bei der ersten Gaußschen Formel Gesagte.

V) Bildet man das arithmetische Mittel der Formel (G_1) und (G_2), so erhält man

$$
(\mathrm{S})\left\{\begin{aligned}
F(u) &= F(0) + \frac{u}{1!}\,\frac{\delta F(-\frac{1}{2}) + \delta F(\frac{1}{2})}{2} + \frac{u^2}{2!}\,\delta^2 F(0) \\
&\quad + \frac{u(u^2-1)}{3!}\,\frac{\delta^3 (F(-\frac{1}{2}) + \delta^3 F(\frac{1}{2})}{2} + \frac{u^2(u^2-1)}{4!}\,\delta^4 F(0) \\
&\quad + \frac{u(u^2-1)(u^2-4)}{5!}\,\frac{\delta^5 F(-\frac{1}{2}) + \delta^5 F(\frac{1}{2})}{2} + \cdots + R_{n+1}
\end{aligned}\right.
$$

(Stirlingsche Formel). Entsprechend den benutzten Differenzen pflegt man diese Formel für $-\frac{1}{2} \leqq u \leqq \frac{1}{2}$ zu benutzen. Das Restglied ist gleich dem arithmetischen Mittel der Restglieder der Formeln (G_1) und (G_2).

VI) Schreibt man (G_1) statt für die Interpolationsstellen $0, -1, 1, -2, 2, -3, 3, \ldots$ für die um 1 erhöhten Stellen $1, 0, 2, -1, 3, -2, 4, \ldots$ auf und bildet das arithmetische Mittel aus der entstehenden Formel und (G_2), so erhält man

$$
(B)\left\{\begin{aligned}
F(u) &= \frac{F(0)+F(1)}{2} + \frac{u-\frac{1}{2}}{1!}\,\delta F(\tfrac{1}{2}) \\
&\quad + \frac{u(u-1)}{2!}\cdot\frac{\delta^2F(0)+\delta^2F(1)}{2} \\
&\quad + \frac{u(u-1)(u-\frac{1}{2})}{3!}\,\delta^3F(\tfrac{1}{2}) \\
&\quad + \frac{u(u-1)(u+1)(u-2)}{4!}\cdot\frac{\delta^4F(0)+\delta^4F(1)}{2} \\
&\quad + \frac{u(u-1)(u+1)(u-2)(u-\frac{1}{2})}{5!}\,\delta^5F(\tfrac{1}{2}) + \cdots \\
&\quad + R_{n+1}, \\
R_{n+1} &= \frac{1}{2}\left|\binom{u+\frac{1}{2}n}{n+1} + \binom{u+\frac{1}{2}(n-2)}{n+1}\right| F^{(n+1)}(\eta) \\
&\qquad\qquad (n \text{ gerade}), \\
R_{n+1} &= \binom{u+\frac{1}{2}(n-1)}{n+1} F^{(n+1)}(\eta) \qquad (n \text{ ungerade}).
\end{aligned}\right.
$$

(Besselsche Formel). Entsprechend den benutzten Differenzen pflegt man diese Formel für $0 < u < 1$ zu benutzen.

VII) Der Gaußschen Formel (G_2) läßt sich noch eine für die Rechnung besonders praktische Form geben, die nur die Differenzen gerader Ordnung enthält.

$$
(E)\left\{\begin{aligned}
F(u) &= \frac{s}{1!}F(0) + \frac{s(s^2-1)}{3!}\delta^2F(0) \\
&\quad + \frac{s(s^2-1)(s^2-4)}{5!}\,\delta^4F(0) + \cdots \\
&\quad + \frac{u}{1!}F(1) + \frac{u(u^2-1)}{3!}\delta^2F(1) \\
&\quad + \frac{u(u^2-1)(u^2-4)}{5!}\,\delta^4F(1) + \cdots
\end{aligned}\right.
$$

(Formel von Everett). Hierbei ist $s = 1 - u$ gesetzt worden.

64. Eine *Übersicht* über die in den Interpolationsformeln

(N_1), (N_2), (G_1), (G_2), (S), (B) benutzten Differenzen gibt Abb. 5.

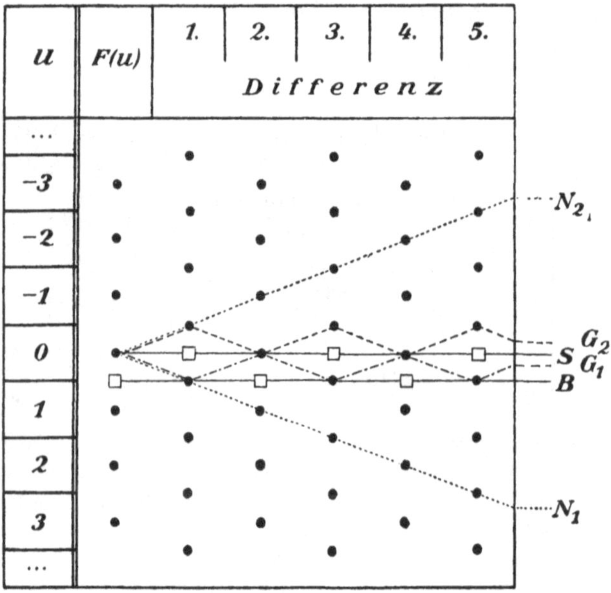

Abb. 5.

Die Funktionswerte und die Werte der Differenzen sind durch ● bezeichnet. □ bedeutet das arithmetische Mittel aus dem darüber- und dem darunterstehenden Wert. Die in den einzelnen Interpolationsformeln verwendeten Werte sind durch Linienzüge verbunden.

Beispiel: s. **66**.

Über *trigonometrische Interpolation* s. **98**.

§ 3. Interpolation in Tafeln.

65. Unter *Interpolation im engeren Sinne* versteht man die Einschaltung von Werten tabulierter Funktionen für Argumente, die nicht in der Tafel enthalten sind. Die Argumente in Tafeln seien durchweg äquidistant, so daß die Formeln in **63** zur Verwendung kommen. Man ersetzt die tabulierte Funktion durch eine ganze rationale Funktion. Aus dem Interpolationspolynom wird dann der gesuchte Wert berechnet. Ist das Polynom eine lineare Funktion, so spricht man von *linearer Interpolation.* Die Werte berechnen sich in diesem Falle aus

$$(1) \qquad f(x) = f(x_0) + \frac{f(x_0 + h) - f(x_0)}{h} \cdot (x - x_0),$$

wenn die äquidistanten Eingangswerte den Abstand $x_{\nu+1} - x_\nu = h$ haben. In einer Tafel, in der die $f(x_\nu)$ auf μ Dezimalstellen hinter dem Komma gegeben sind, ist lineare Interpolation gestattet, falls

$$\frac{h^2}{8} |f''|_{\max} < \frac{1}{2} \cdot 10^{-\mu}$$

ist. Das Maximum von $|f''|$ ist zwischen x_0 und $x_0 + h$ zu nehmen.

66. *Beispiel:* Eine Tafel gibt

	Δ	Δ^2	Δ^3	Δ^4
sin 8° = 0,139 173 1				
	17 261 4			
sin 9° = 0,156 434 5		— 477		
	17 213 7		— 52	
sin 10° = 0,173 648 2		— 529		0
	17 160 8		— 52	
sin 11° = 0,190 809 0		— 581		0
	17 102 7		— 52	
sin 12° = 0,207 911 7		— 633		
	17 039 4			
sin 13° = 0,224 951 1				

Gesucht ist der Wert von $\sin 10^c 20'$. Da x im Gradmaß gemessen ist, so ist

$$f(x) = \sin \frac{\pi x}{180}, \quad F(u) = \sin \frac{\pi}{180}(u + 10), \quad h = 1.$$

Bei Verwendung der Besselschen Interpolationsformel (B) in § 2 ist zu setzen

$$u = \tfrac{1}{3}, \quad F(0) = \sin 10^c, \quad F(1) = \sin 11^c,$$

$$\begin{array}{rlr}
\tfrac{1}{2}[F(0) + F(1)] = & & 0{,}182\,228\,6 \\
-\tfrac{1}{6}\,\delta F(\tfrac{1}{2}) = & - & 2\,860\,1_3 \\
-\tfrac{1}{9}\cdot\tfrac{1}{2}\,[\delta^2 F(0) + \delta^2 F(1)] = & + & 6\,1_7 \\
+\tfrac{1}{162}\,\delta^3 F(\tfrac{1}{2}) = & - & 0_3 \\
+\tfrac{5}{243}\cdot\tfrac{1}{2}[\delta^4 F(0) + \delta^4 F(1)] = & & 0 \\
\hline
\sin 10^c\, 20' = & & 0{,}179\,374\,6
\end{array}$$

Fehlerabschätzung: Da die letzten verwendeten Differenzen die vierten sind, ist $n = 4$ in der Restgliedformel zu setzen.

$$R_5 = \tfrac{1}{2}\left[\binom{\frac{7}{3}}{5} + \binom{\frac{4}{3}}{5}\right]\cdot F^{(5)}(\eta) = -\tfrac{1}{1458}\,F^{(5)}(\eta),$$

$$F^{(5)}(u) = \left(\frac{\pi}{180}\right)^5 \cos\frac{\pi}{180}(u + 10),$$

$$0{,}974 < \cos\frac{\pi x}{180} < 0{,}990 \quad \text{für} \quad 8 < x < 13,$$

$$-1{,}10\cdot 10^{-12} < R_5 < -1{,}08\cdot 10^{-12}.$$

Der Abrundungsfehler überwiegt den Interpolationsfehler bei weitem; die hinter dem Gliede mit den vierten Differenzen abgebrochene Besselsche Interpolationsformel erlaubte an dieser Stelle sogar die Benutzung einer 11-stelligen Tafel.

67. *Inverse Interpolation.* Gegeben sei eine Tafel für die Funktion $y = f(x)$ mit äquidistanten Eingangswerten x_ν $(x_{\nu+1} - x_\nu = h)$. Zu einem vorgegebenen y-Wert soll durch Interpolation der zugehörige Wert $x = x_0 + uh$ berechnet werden. Da die y_ν nicht äquidistant sind, könnten nur Interpolationsformeln für nicht äquidistante Eingangswerte verwendet werden. Man setzt praktischer die Stirlingsche (falls $-\frac{1}{4} \leqq u \leqq \frac{1}{4}$) oder die Besselsche Formel (falls $\frac{1}{4} \leqq u \leqq \frac{3}{4}$) an und löst sie mittels Iteration (vgl. **39**) nach u auf. Im

Fall der Stirlingschen Formel lautet die Rechenvorschrift, wenn $f(x_0 + uh) \equiv F(u)$ gesetzt wird und zur Abkürzung $\delta_0^k, \delta_{\frac{1}{2}}^k, \delta_{-\frac{1}{2}}^k$ für $\delta^k F(0), \delta^k F(\tfrac{1}{2}), \delta^k F(-\tfrac{1}{2})$ gesetzt wird,

$$(2)\quad \begin{cases} u_{\nu+1} = \dfrac{2}{\delta_{\frac{1}{2}}^1 + \delta_{-\frac{1}{2}}^1}\left[F(u) - F(0) - \dfrac{u_\nu^2}{2!}\,\delta_0^2 \right. \\ \qquad \left. - \dfrac{u_\nu(u_\nu^2 - 1)}{3!}\,\dfrac{\delta_{\frac{1}{2}}^3 + \delta_{-\frac{1}{2}}^3}{2} - \cdots\right], \quad \nu = 1, 2, 3, \ldots, \\ \qquad F(u) \text{ fest gegeben.} \end{cases}$$

Lineare inverse Interpolation, bei der natürlich die Auflösung der Gl. (2) durch Iteration wegfällt, ist erlaubt, falls

$$\frac{h^2}{8}\left|\frac{f''}{f'}\right|_{\max} < \frac{1}{2}\cdot 10^{-\mu}.$$

μ ist die Anzahl der Stellen hinter dem Komma, mit denen x gegeben ist. Das Maximum ist innerhalb des Intervalls zu nehmen, in dem interpoliert wird.

68. *Untertafelung.* Die Funktion $f(x)$ sei mit dem Intervall $x_{\nu+1} - x_\nu = h$ tabuliert. Es sei

$$(3)\qquad f(x_0 + \nu h) \equiv Y_\nu, \qquad \Delta Y_\nu = Y_{\nu+1} - Y_\nu .$$

Sie soll mit dem engeren Intervall $\frac{h}{m}$ (m etwa $= 2, 5, 10$) tabuliert werden. Es sei

$$(4)\quad \begin{cases} f\left(x_0 + \nu\,\dfrac{h}{m}\right) \equiv y_\nu, \qquad \hat{\Delta} y_\nu = y_{\nu+1} - y_\nu , \\ \qquad\qquad Y_\nu = y_{m\nu}, \qquad \nu = 0, 1, 2, \ldots \end{cases}$$

Es gilt

$$(5)\qquad \hat{\Delta}^k y_0 = \left[\binom{\frac{1}{m}}{1}\Delta + \binom{\frac{1}{m}}{2}\Delta^2 + \binom{\frac{1}{m}}{3}\Delta^3 + \cdots\right]^k Y_0 .$$

Diese Gleichung ist so zu verstehen, daß die Operator-Reihe in der eckigen Klammer nach der letzten verwendeten Δ-Differenz abzubrechen und formal in die k-te Potenz zu erheben ist. Geht man z. B. bis zur vierten Differenz, so folgt:

$$(6)\quad \begin{cases} \hat{\Delta}\, y_0 = \dfrac{1}{m}\Delta Y_0 + \dfrac{1-m}{2m^2}\Delta^2 Y_0 + \dfrac{(1-m)(1-2m)}{6m^3}\Delta^3 Y_0 \\ \qquad + \dfrac{(1-m)(1-2m)(1-3m)}{24m^4}\Delta^4 Y_0, \\ \hat{\Delta}^2 y_0 = \dfrac{1}{m^2}\Delta^2 Y_0 + \dfrac{1-m}{m^3}\Delta^3 Y_0 + \dfrac{(1-m)(7-11m)}{12m^4}\Delta^4 Y_0, \\ \hat{\Delta}^3 y_0 = \dfrac{1}{m^3}\Delta^3 Y_0 + \dfrac{3(1-m)}{2m^4}\Delta^4 Y_0, \\ \hat{\Delta}^4 y_0 = \dfrac{1}{m^4}\Delta^4 Y_0. \end{cases}$$

$\hat{\Delta}^4$ wird dann im $\hat{\Delta}$-Differenzenschema als konstant angesehen, so daß nach Berechnung von $\hat{\Delta}^3 y_0, \hat{\Delta}^2 y_0, \hat{\Delta} y_0$ aus den vorstehenden Formeln unter Berücksichtigung von $y_0 = Y_0$ die Werte $y_1, y_2, y_3, \ldots$ durch Auffüllung des Differenzenschemas berechnet werden können.

Ist $m = 2$, soll also das Tafelintervall halbiert werden, so benutzt man am besten die Besselsche Interpolationsformel (B) in § 2 mit $u = \frac{1}{2}$:

$$f\left(a + \frac{1}{2}h\right) = \frac{f(a) + f(a+h)}{2} - \frac{1}{8}\,\frac{\delta^2 f(a) + \delta^2 f(a+h)}{2} + \frac{3}{128}\,\frac{\delta^4 f(a) + \delta^4 f(a+h)}{2} - \frac{5}{1024}\,\frac{\delta^6 f(a) + \delta^6 f(a+h)}{2} + \cdots.$$

Literatur: Zahlreiche Hilfstafeln zur Untertafelung findet man in K. Hayashi. Tafeln für die Differenzenrechnung, Berlin 1933.

§ 4. Interpolation bei Funktionen zweier Veränderlicher.

69. Hinsichtlich der *Problemstellung* gilt das für die

Interpolation bei Funktionen einer Veränderlichen Gesagte, vgl. **61.** An den Stellen

$$(1)\qquad \begin{cases} x_\mu = x_0 + \mu h, & \mu = 0, 1, 2, \ldots \\ y_\nu = y_0 + \nu k, & \nu = 0, 1, 2, \ldots, \end{cases}$$

also in den Punkten eines rechteckigen Gitters, sind Funktionswerte $f(x_\mu, y_\nu)$ gegeben. Es ist eine ganze rationale Funktion in zwei Veränderlichen gesucht, die in den Gitterpunkten die vorgeschriebenen Werte annimmt. Auf die Angabe der Restglieder bei der Annäherung einer beliebigen Funktion $f(x, y)$ durch ein Interpolationspolynom sei verzichtet. Benutzt werden die in **60** eingeführten Bezeichnungen. Statt x und y werden mittels

$$(2)\qquad u = \frac{x - x_0}{h}, \qquad v = \frac{y - y_0}{k}$$

neue Veränderliche u, v eingeführt; man setzt ferner

$$(3)\qquad F(u, v) \equiv f(x_0 + uh,\ y_0 + vk).$$

70. *Interpolationsformeln von Newton und Everett.*

$$(4)\qquad \begin{cases} F(u, v) = F(0, 0) + \frac{1}{1!}\,[u\Delta_x + v\Delta_y]\,F(0, 0) \\ \qquad + \frac{1}{2!}\,[u(u-1)\Delta_x^2 + 2uv\Delta_x\Delta_y + v(v-1)\Delta_y^2]\,F(0,0) \\ \qquad + \frac{1}{3!}\,[u(u-1)(u-2)\Delta_x^3 + 3u(u-1)v\Delta_x^2\Delta_y \\ \qquad + 3uv(v-1)\Delta_x\Delta_y^2 + v(v-1)(v-2)\Delta_y^3]\,F(0,0) + \cdots \end{cases}$$

(Formel von Newton).

$$(5)\qquad \begin{cases} F(u, v) = stF(0, 0) + svF(0, 1) + utF(1, 0) + uvF(1, 1) \\ \qquad - \frac{1}{6}\,us(1 + s)\,[t\delta_x^2 F(0, 0) + v\delta_x^2 F(0, 1)] \\ \qquad - \frac{1}{6}\,us(1 + u)[t\delta_x^2 F(1, 0) + v\delta_x^2 F(1, 1)] \\ \qquad - \frac{1}{6}\,vt(1 + v)\,[s\delta_y^2 F(0, 0) + u\delta_y^2 F(1, 0)] \\ \qquad - \frac{1}{6}\,vt(1 + v)\,[s\delta_y^2 F(0, 1) + u\delta_y^2 F(1, 1)] \\ \qquad + \frac{1}{120}\,us(1 + u)(1 + s)(2 + s)\,[t\delta_x^4 F(0, 0) \\ \qquad\qquad + v\delta_x^4 F(0, 1)] \end{cases}$$

(Fortsetzung umseitig)

$$
(5)\left\{\begin{aligned}
&+\tfrac{1}{120}us(1+u)(1+s)(2+u)\left[t\delta_x^4 F(0,0)\right.\\
&\qquad\qquad\qquad\qquad\left.+v\delta_x^4 F(0,1)\right]\\
&+\tfrac{1}{36}usvt(1+s)(1+t)\,\delta_x^2\,\delta_y^2 F(0,0)\\
&+\tfrac{1}{36}usvt(1+s)(1+v)\,\delta_x^2\,\delta_y^2 F(0,1)\\
&+\tfrac{1}{36}usvt(1+u)(1+t)\,\delta_x^2\,\delta_y^2 F(1,0)\\
&+\tfrac{1}{36}usvt(1+u)(1+v)\,\delta_x^2\,\delta_y^2 F(1,1)\\
&+\tfrac{1}{120}vt(1+v)(1+t)(2+t)\left[s\delta_y^4 F(0,0)\right.\\
&\qquad\qquad\qquad\qquad\left.+u\delta_y^4 F(1,0)\right]\\
&+\tfrac{1}{120}vt(1+v)(1+t)(2+v)\left[s\delta_y^4 F(0,1)\right.\\
&\qquad\qquad\qquad\qquad\left.+u\delta_y^4 F(1,1)\right]\\
&+\cdots
\end{aligned}\right.
$$

(Formel von Everett). Hierbei ist $s = 1 - u$, $t = 1 - v$ gesetzt worden. Ferner ist nach der in **60** eingeführten Bezeichnung beispielsweise

$$\delta_x^2 F(1,0) = F(2,0) - 2F(1,0) + F(0,0).$$

§ 5. Numerische Differentiation.

71. Die Funktion $f(x)$ sei für äquidistante Argumente $x_\nu = x_0 + \nu h$ $(\nu = \ldots, -2, -1, 0, 1, 2, \ldots)$ gegeben und werde durch eine ganze rationale Funktion angenähert. Die folgenden Formeln gestatten, die *Differentialquotienten* $\dfrac{df(x)}{dx}$ und $\dfrac{d^2 f(x)}{dx^2}$ aus den gegebenen Funktionswerten näherungsweise zu berechnen. Es wird wieder gesetzt

$$
(1)\quad\left\{\begin{aligned}
&x = x_0 + uh, \qquad f(x_0 + uh) \equiv F(u),\\
&h^k\left(\frac{d^k f(x)}{dx^k}\right)_{x=x_0} = \left(\frac{d^k F(u)}{du^k}\right)_{u=0} = F^{(k)}(0).
\end{aligned}\right.
$$

Aus der Newtonschen Interpolationsformel folgt nach Differentiation:

$$
(2)\left\{\begin{aligned}
F'(0) &= \Delta F(0) - \tfrac{1}{2}\Delta^2 F(0) + \tfrac{1}{3}\Delta^3 F(0) - \tfrac{1}{4}\Delta^4 F(0) + \cdots\\
F''(0) &= \qquad\qquad\quad \Delta^2 F(0) - \quad \Delta^3 F(0) + \tfrac{11}{12}\Delta^4 F(0) - \cdots\\
F'''(0) &= \qquad\qquad\qquad\qquad\qquad \Delta^3 F(0) - \tfrac{3}{2}\Delta^4 F(0) + \cdots\\
F^{(4)}(0) &= \qquad\qquad\qquad\qquad\qquad\qquad\qquad\quad \Delta^4 F(0) - \cdots\\
&\cdots\cdots\cdots\cdots\cdots\cdots\cdots\cdots\cdots\cdots
\end{aligned}\right.
$$

Aus der Stirlingschen Interpolationsformel folgt:

$$(3)\begin{cases} F'(0) = \dfrac{\delta F(-\frac{1}{2}) + \delta F(\frac{1}{2})}{2} - \dfrac{1}{6}\dfrac{\delta^3 F(-\frac{1}{2}) + \delta^3 F(\frac{1}{2})}{2} \\ \quad + \dfrac{1}{30}\dfrac{\delta^5 F(-\frac{1}{2}) + \delta^5 F(\frac{1}{2})}{2} - \dfrac{1}{140}\dfrac{\delta^7 F(-\frac{1}{2}) + \delta^7 F(\frac{1}{2})}{2} + \cdots \end{cases}$$

und

$$(4)\ F''(0) = \delta^2 F(0) - \tfrac{1}{12}\delta^4 F(0) + \tfrac{1}{90}\delta^6 F(0) - \tfrac{1}{560}\delta^8 F(0) + \cdots$$

Aus der Besselschen Interpolationsformel folgt:

$$(5)\quad F'(\tfrac{1}{2}) = \delta F(\tfrac{1}{2}) - \tfrac{1}{24}\,\delta^3 F(\tfrac{1}{2}) + \tfrac{3}{640}\,\delta^5 F(\tfrac{1}{2}) - \cdots$$

und

$$(6)\begin{cases} F''\left(\dfrac{1}{2}\right) = \dfrac{\delta^2 F(0) + \delta^2 F(1)}{2} - \dfrac{5}{24}\dfrac{\delta^4 F(0) + \delta^4 F(1)}{2} \\ \qquad\qquad + \dfrac{259}{5760}\dfrac{\delta^6 F(0) + \delta^6 F(1)}{2} - \cdots \end{cases}$$

Soll $F'(u)$ für einen beliebigen Wert u berechnet werden, so benutzt man vorteilhaft nicht die differentiierten Interpolationsformeln, sondern berechnet mittels (3) oder (5) eine Reihe von Werten an äquidistanten Stellen, zwischen denen man nach Aufstellung des Differenzenschemas interpoliert.

Man beachte: Falls ein Polynom eine Funktion gut annähert, braucht die Ableitung des Polynoms die Ableitung dieser Funktion noch lange nicht gut anzunähern.

Sind die Werte $f(x_\nu)$ mit Fehlern behaftet, dann sind die hier gebrachten Verfahren im allgemeinen schlecht brauchbar; es empfiehlt sich in diesem Falle, $f(x)$ nach den in Abschn. VI behandelten Methoden, etwa durch ein Polynom, anzunähern und die erhaltene Annäherungsfunktion zu differentiieren.

72. Eine *Anwendung* von den Formeln der numerischen Differentiation wird gemacht, wenn momentane (lokale) Werte aus zeitlichen (örtlichen) Mittelwerten berechnet werden sollen. In diesem Fall ist

$$(7)\qquad f(x) = \frac{1}{h}\int_x^{x+h} \varphi(t)\,dt$$

für $x = x_0, x_1, x_2, \ldots$ gegeben und man sucht

$$f'(x) = \frac{\varphi(x+h) - \varphi(x)}{h} \tag{8}$$

und weiter $\varphi(x)$ für diese Werte.

§ 6. Numerische Integration.

73. Die Funktion $f(x)$ sei für äquidistante Argumente $x_\nu = x_0 + \nu h$ $(\nu = 0, 1, 2, \ldots, n)$ gegeben und werde durch ein Polynom angenähert. Gesucht ist das *unbestimmte Integral*

$$J(x) = J(x_0) + \int_{x_0}^{x} f(\xi)\, d\xi \tag{1}$$

an den Stellen x_ν. Es wird gesetzt

$$x = x_0 + uh, \qquad f(x) = f(x_0 + uh) \equiv F(u), \qquad f(x_\nu) = F(\nu) = f_\nu. \tag{2}$$

Integration der Stirlingschen Interpolationsformel ergibt

$$\left\{\begin{aligned} J(x_{\nu+1}) - J(x_{\nu-1}) &= \int_{x_\nu - h}^{x_\nu + h} f(x)\, dx = h \int_{-1}^{1} F(\nu + u)\, du \\ &= 2h \left[f_\nu + \tfrac{1}{6}\delta^2 f_\nu - \tfrac{1}{180}\delta^4 f_\nu + \tfrac{1}{1512}\delta^6 f_\nu \right. \\ &\qquad \left. - \tfrac{23}{226800}\delta^8 f_\nu + \cdots\right]. \end{aligned}\right. \tag{3}$$

Integration der Besselschen Interpolationsformel ergibt

$$\left\{\begin{aligned} &J(x_{\nu+1}) - J(x_\nu) = \int_{x_\nu}^{x_\nu + h} f(x)\, dx = h \int_{0}^{1} F(\nu + u)\, du \\ &= h\left[\frac{f_\nu + f_{\nu+1}}{2} - \frac{1}{12}\,\frac{\delta^2 f_\nu + \delta^2 f_{\nu+1}}{2} + \frac{11}{720}\,\frac{\delta^4 f_\nu + \delta^4 f_{\nu+1}}{2}\right. \\ &\left. - \frac{191}{60480}\,\frac{\delta^6 f_\nu + \delta^6 f_{\nu+1}}{2} + \frac{2497}{3628800}\,\frac{\delta^8 f_\nu + \delta^8 f_{\nu+1}}{2} \cdots\right]. \end{aligned}\right. \tag{4}$$

Werden die Reihen (3), (4) nach dem Gliede mit $\delta^{2p} f_\nu$ abgebrochen, dann ist das Restglied proportional $h^{2p+3} f^{(2p+2)}$ genommen an einer Stelle zwischen den bei der Interpolation benutzten Stellen.

Aus (1) folgt

$$(5)\qquad J(x_{\nu+1}) = J(x_\nu) + \int_{x_\nu}^{x_{\nu+1}} f(x)\,dx \quad (\nu = 0, 1, \ldots, n-1).$$

Die Formeln (3) und (4) können nicht verwendet werden für die ersten und letzten Werte x_ν, da dort nicht alle benötigten zentralen Differenzen gebildet werden können. Man benutzt daher zu Beginn die Formel

$$(6)\quad \int_{x_\nu}^{x_\nu+h} f(x)\,dx = h[f_\nu + \tfrac{1}{2}\Delta f_\nu - \tfrac{1}{12}\Delta^2 f_\nu + \tfrac{1}{24}\Delta^3 f_\nu - \tfrac{19}{720}\Delta^4 f_\nu + \cdots] \quad (\nu = 0, 1, \ldots)$$

und am Ende die Formel

$$(7)\quad \int_{x_\nu-h}^{x_\nu} f(x)\,dx = h[f_\nu - \tfrac{1}{2}\nabla f_\nu - \tfrac{1}{12}\nabla^2 f_\nu - \tfrac{1}{24}\nabla^3 f_\nu - \tfrac{19}{720}\nabla^4 f_\nu - \cdots] \quad (\nu = \cdots, n-1, n),$$

die durch Integration der Newtonschen Formeln (N_1) und (N_2) entstehen.

Mittels (4), (5), (6), (7) lassen sich also aus den gegebenen Funktionswerten f_ν und ihren Differenzen sowie dem gegebenen Anfangswert $J(x_0)$ der Reihe nach die Werte von $J(x_1), J(x_2), J(x_3), \ldots$ berechnen. Bei Benutzung von (3) erhält man die Werte von $J(x_\nu)$ mit dem doppelten Intervall $2h$.

74. *Zweifache Integrale.* Zur Berechnung des zweifachen Integrals

$$(8)\quad \begin{cases} J_{II}(x) = J_{II}(x_0) + \int_{x_0}^{x} J(\xi')\,d\xi' \\ \quad = J_{II}(x_0) + (x - x_0)\cdot J(x_0) + \int_{x}^{x} \left(\int_{x_0}^{\xi'} f(\xi)\,d\xi\right) d\xi' \end{cases}$$

an den äquidistanten Stellen $x = x_0, x_1, \ldots, x_n$ bei gegebenen $f_\nu = f(x_\nu)$, $J(x_0)$ und $J_{\mathrm{II}}(x_0)$ dient die Formel

$$(9)\quad \begin{cases} \nabla^2 J_{\mathrm{II}}(x_{\nu+1}) \equiv J_{\mathrm{II}}(x_{\nu+1}) - 2J_{\mathrm{II}}(x_\nu) + J_{\mathrm{II}}(x_{\nu-1}) \\ = h^2[f_\nu + \frac{1}{12}\,\delta^2 f_\nu - \frac{1}{240}\,\delta^4 f_\nu + \frac{31}{60480}\,\delta^6 f_\nu - \cdots], \end{cases}$$

die aus der Stirlingschen Interpolationsformel gewonnen wird. Zu Beginn der Rechnung benutzt man die Formeln

$$(10)\quad \begin{cases} \nabla J_{\mathrm{II}}(x_1) \equiv J_{\mathrm{II}}(x_1) - J_{\mathrm{II}}(x_0) \\ = h \cdot J(x_0) + h^2[\frac{1}{2}\,f_0 + \frac{1}{6}\,\Delta f_0 - \frac{1}{24}\,\Delta^2 f_0 + \frac{1}{45}\,\Delta^3 f_0 \\ \quad - \frac{7}{480}\,\Delta^4 f_0 + \frac{107}{10080}\,\Delta^5 f_0 - \frac{199}{24192}\,\Delta^6 f_0 + \cdots] \end{cases}$$

und

$$(11)\quad \begin{cases} \nabla^2 J_{\mathrm{II}}(x_{\nu+1}) \equiv J_{\mathrm{II}}(x_{\nu+1}) - 2J_{\mathrm{II}}(x_\nu) + J_{\mathrm{II}}(x_{\nu-1}) \\ \qquad = h^2[f_\nu + \frac{1}{12}\,\Delta^2 f_\nu - \frac{1}{12}\,\Delta^3 f_\nu + \frac{19}{240}\,\Delta^4 f_\nu \\ \qquad - \frac{3}{40}\,\Delta^5 f_\nu + \frac{863}{12096}\,\Delta^6 f_\nu - \cdots]. \end{cases}$$

Am Schluß der Rechnung benutzt man die Formel

$$(12)\quad \begin{cases} \nabla^2 J_{\mathrm{II}}(x_{\nu+1}) \equiv J_{\mathrm{II}}(x_{\nu+1}) - 2J_{\mathrm{II}}(x_\nu) + J_{\mathrm{II}}(x_{\nu-1}) \\ \qquad = h^2[f_\nu + \frac{1}{12}\,\nabla^2 f_\nu + \frac{1}{12}\,\nabla^3 f_\nu + \frac{19}{240}\,\nabla^4 f_\nu \\ \qquad + \frac{3}{40}\,\nabla^5 f_\nu + \frac{863}{12096}\,\nabla^6 f_\nu + \cdots], \end{cases}$$

die auch zur Integration von Differentialgleichungen zweiter Ordnung vielfach Verwendung findet [vgl. **111**, (12)].

Gang der Rechnung: Außer dem gegebenen Differenzenschema der f_ν wird noch ein Schema für die zu berechnenden $J_{\mathrm{II}}(x_\nu)$ eingerichtet:

$J_{\mathrm{II}}(x_0)$		
	$\nabla J_{\mathrm{II}}(x_1)$	
$J_{\mathrm{II}}(x_1)$		$\nabla^2 J_{\mathrm{II}}(x_2)$
	$\nabla J_{\mathrm{II}}(x_2)$	
$J_{\mathrm{II}}(x_2)$		$\nabla^2 J_{\mathrm{II}}(x_3)$
	$\nabla J_{\mathrm{II}}(x_3)$	
$J_{\mathrm{II}}(x_3)$		$\ldots$
	$\ldots$	
$\ldots$		

Mittels (10) wird $\nabla J_{\mathrm{II}}(x_1)$ berechnet und $J_{\mathrm{II}}(x_1) = J_{\mathrm{II}}(x_0)$

$+\nabla J_{II}(x_1)$ gefunden; mittels (11) wird sodann $\nabla^2 J_{II}(x_2)$ berechnet und durch Aufsummieren $\nabla J_{II}(x_2)$ und $J_{II}(x_2)$ gefunden. Sobald genügend hohe zentrale Differenzen im f_ν-Schema zur Verfügung stehen, wird (9) benutzt. Stehen schließlich am Ende der Rechnung nicht mehr genügend hohe zentrale Differenzen im f_ν-Schema zur Verfügung, dann wird (12) benutzt.

Literatur zu Abschn. IV:

G. Kowalewski, Interpolation und genäherte Quadratur, Leipzig und Berlin 1932.

A. A. Markoff, Differenzenrechnung, Leipzig 1896.

N. E. Nörlund, Vorlesungen über Differenzenrechnung, Berlin 1924.

L. Schrutka, Leitfaden der Interpolation, Wien 1941.

D. Seliwanoff, Lehrbuch der Differenzenrechnung, Leipzig 1904.

J. F. Steffensen, Interpolation, Baltimore 1927.

A. Walther, Differenzenrechnung, in „Pascals Repertorium der hoheren Mathematik, I Bd, Teilbd 3".

V. Abschnitt.

Quadratur und Summation.

§ 1. Mittelwertverfahren.

75. Es ist näherungsweise zu berechnen der Wert eines Integrals

$$\int_a^b f(x)\,dx\,,$$

wenn die Werte der Funktion $f(x)$ an gewissen, nicht notwendig äquidistanten Stellen x_ν des Intervalls $a \ldots b$ gegeben sind. Den gesuchten Wert des Integrals geben die *Mittelwertverfahren* als einen Mittelwert der gegebenen Werte $f(x_\nu)$, also als einen in den $f(x_\nu)$ linearen Ausdruck mit Koeffizienten, deren Summe 1 beträgt.

Es ist gleichgültig, ob die Funktionswerte aus einem analytischen Ausdruck für $f(x)$ berechnet oder empirisch gefunden worden sind. Im ersten Fall läßt sich eine Restgliedabschätzung geben, falls $f(x)$ hinreichend oft differentiierbar ist.

76. *Die Quadraturformeln von Cotes und Maclaurin.* Hier werden die Stellen x_ν äquidistant gewählt. Die Funktion $f(x)$ wird durch eine ganze rationale Funktion $(n-1)$-ter Ordnung angenähert, die an den Stellen x_ν die Werte $f(x_\nu)$ annimmt. Die Ableitung der Formeln geschieht so, daß das Interpolationspolynom in der Lagrangeschen Form [vgl. **62**, (2)] über das Intervall $a \ldots b$ integriert wird.

Durch die Substitution

$$(1)\qquad \begin{cases} x = \dfrac{a+b}{2} + (b-a)\,u, \qquad dx = (b-a)\,du, \\ f(x) = f\left(\dfrac{a+b}{2} + (b-a)u\right) \equiv F(u), \end{cases}$$

wird das zu berechnende Integral übergeführt in

$$(2)\qquad (b-a)\int_{-\frac{1}{2}}^{+\frac{1}{2}} F(u)\,du = (b-a)\,J.$$

Die folgenden Formeln geben den Ausdruck für J. Ist u_ν im Intervall $-\frac{1}{2} \cdots +\frac{1}{2}$ die x_ν entsprechende Stelle und wird der Kürze halber $F(u_\nu) = F_\nu$ gesetzt, dann wird der Wert des Integrals in der Form

$$(3)\qquad J = \int_{-\frac{1}{2}}^{+\frac{1}{2}} F(u)\,du = A_1 F_1 + A_2 F_2 + \cdots + A_n F_n + R_n$$

gegeben. Für die Koeffizienten A_ν gilt

$$(4)\qquad \sum_{\nu=1}^{n} A_\nu = 1,\; A_1 = A_n,\; A_2 = A_{n-1},\; A_3 = A_{n-2}, \ldots$$

R_n ist das Restglied.

77. *Koeffizienten für die Formeln von Cotes.* Das Intervall $-\frac{1}{2} \cdots +\frac{1}{2}$ wird in $n-1$ gleiche Teile geteilt. Die beiden Endpunkte des Intervalls und die $n-2$ Teilungspunkte sind die Stellen u_ν, für die die Funktionswerte F_ν gegeben sind:

$$(5)\qquad u_\nu = -\frac{1}{2} + \frac{\nu-1}{n-1} \qquad (\nu = 1, 2, \ldots, n).$$

n	A_1	A_2	A_3	A_4	A_5	A_6	A_7
2	$\frac{1}{2}$	$\frac{1}{2}$					
3	$\frac{1}{6}$	$\frac{4}{6}$	$\frac{1}{6}$				
4	$\frac{1}{8}$	$\frac{3}{8}$	$\frac{3}{8}$	$\frac{1}{8}$			
5	$\frac{7}{90}$	$\frac{32}{90}$	$\frac{12}{90}$	$\frac{32}{90}$	$\frac{7}{90}$		
6	$\frac{19}{288}$	$\frac{75}{288}$	$\frac{50}{288}$	$\frac{50}{288}$	$\frac{75}{288}$	$\frac{19}{288}$	
7	$\frac{41}{840}$	$\frac{216}{840}$	$\frac{27}{840}$	$\frac{272}{840}$	$\frac{27}{840}$	$\frac{216}{840}$	$\frac{41}{840}$

Die Formeln mit ungeradem n sind die vorteilhafteren.

$$R_2 = -\frac{1}{12} F^{(2)}(\eta) \approx -0{,}083\, F^{(2)}(\eta),$$

$$R_3 = -\frac{1}{2880} F^{(4)}(\eta) \approx -0{,}0^3 35\, F^{(4)}(\eta),$$

$$R_5 = -\frac{1}{1\,935\,360} F^{(6)}(\eta) \approx -0{,}0^6 52\, F^{(6)}(\eta),$$

$$R_7 = -\frac{1}{1\,567\,641\,600} F^{(8)}(\eta) \approx -0{,}0^9 64\, F^{(8)}(\eta).$$

Die η sind Zwischenstellen im Intervall $-\frac{1}{2} \cdots +\frac{1}{2}$. Die Formel für $n = 2$ wird als „Trapezformel", die Formel für $n = 3$ als „Simpsonsche Regel" bezeichnet. Sie können auch in der Form

$$\int_a^{a+h} f(x)\, dx = \frac{1}{2} h[f(a) + f(a+h)] - \frac{1}{12} h^3 f''(\xi),$$

$$\int_a^{a+2h} f(x)\, dx = \frac{1}{3} h[f(a) + 4f(a+h) + f(a+2h)] - \frac{1}{90} h^5 f^{IV}(\xi)$$

geschrieben werden. Die ξ sind Zwischenstellen im Intervall $a \ldots a + h$ bzw. $a \ldots a + 2h$.

78. *Koeffizienten für die Formeln von Maclaurin.* Das Intervall $-\frac{1}{2} \cdots +\frac{1}{2}$ wird in n gleiche Teile geteilt. Für die Mittelpunkte der Teilintervalle

$$(6) \qquad u_\nu = -\frac{1}{2} + \frac{2\nu - 1}{2n} \qquad (\nu = 1, 2, \ldots, n)$$

sind die Funktionswerte F_ν gegeben.

n	A_1	A_2	A_3	A_4	A_5	A_6	A_7
1	1						
2	$\frac{1}{2}$	$\frac{1}{2}$					
3	$\frac{3}{8}$	$\frac{2}{8}$	$\frac{3}{8}$				
4	$\frac{13}{48}$	$\frac{11}{48}$	$\frac{11}{48}$	$\frac{13}{48}$			
5	$\frac{275}{1152}$	$\frac{100}{1152}$	$\frac{402}{1152}$	$\frac{100}{1152}$	$\frac{275}{1152}$		
6	$\frac{247}{1280}$	$\frac{139}{1280}$	$\frac{254}{1280}$	$\frac{254}{1280}$	$\frac{139}{1280}$	$\frac{247}{1280}$	
7	$\frac{24745}{138240}$	$\frac{882}{138240}$	$\frac{56007}{138240}$	$-\frac{25028}{138240}$	$\frac{56007}{138240}$	$\frac{882}{138240}$	$\frac{24745}{138240}$

Die Formeln mit ungeradem n sind die vorteilhafteren.

$$R_1 = \frac{1}{24} F^{(2)}(\eta) \approx 0{,}042\, F^{(2)}(\eta),$$

$$R_3 = \frac{21}{20480} F^{(4)}(\eta) \approx 0{,}0010\, F^{(4)}(\eta),$$

$$R_5 = \frac{5575}{3170893824} F^{(6)}(\eta) \approx 0{,}0^5 18\, F^{(6)}(\eta),$$

$$R_7 = \frac{1718381}{668707533619200} F^{(8)}(\eta) \approx 0{,}0^8 26 F^{(8)}(\eta)\,.$$

Die η sind Zwischenstellen im Intervall $-\frac{1}{2} \cdots \frac{1}{2}$.

Die Formel für $n = 1$ wird als „Tangentenformel“ bezeichnet.

79. *Die Formeln von Tschebyscheff und Gauß.* Die Stellen x_ν sind nicht äquidistant. Durch die Substitution

$$(7) \qquad \begin{cases} x = \dfrac{a+b}{2} + \dfrac{b-a}{2} u, \quad dx = \dfrac{b-a}{2} du, \\ f(x) = f\left(\dfrac{a+b}{2} + \dfrac{b-a}{2} u\right) \equiv F(u) \end{cases}$$

wird das zu berechnende Integral $\int\limits_a^b f(x)\,dx$ übergeführt in

$$(8) \qquad \tfrac{1}{2}(b-a) \int\limits_{-1}^{+1} F(u)\,du = \tfrac{1}{2}(b-a)\,J.$$

Die folgenden Formeln geben den Ausdruck für J. Ist u_ν im Intervall $-1 \cdots +1$ die x_ν entsprechende Stelle und wird der Kürze halber $F(u_\nu) = F_\nu$ gesetzt, dann wird der Wert des Integrals in der Form

$$(9) \quad J = \int_{-1}^{+1} F(u)\,du = 2(A_1F_1 + A_2F_2 + \cdots + A_nF_n) + R_n$$

gegeben.

80. *Zahlenwerte für die Formeln von Tschebyscheff.*

$$A_\nu = \frac{1}{n}, \qquad \nu = 1, 2, \ldots, n.$$

$n = 2;\quad u_1 = -0{,}577\,350\,3, \quad u_2 = -u_1.$
$n = 3;\quad u_1 = -0{,}707\,106\,8, \quad u_2 = 0, \quad u_3 = -u_1.$
$n = 4;\quad u_1 = -0{,}794\,654\,5, \quad u_2 = -0{,}187\,592\,5,$
$\qquad u_3 = -u_2, \quad u_4 = -u_1.$
$n = 5;\quad u_1 = -0{,}832\,497\,5, \quad u_2 = -0{,}374\,541\,4,$
$\qquad u_3 = 0, \quad u_4 = -u_2, \quad u_5 = -u_1.$
$n = 6;\quad u_1 = -0{,}866\,246\,8, \quad u_2 = -0{,}422\,518\,7,$
$\qquad u_3 = -0{,}266\,635\,4, \quad u_4 = -u_3,$
$\qquad u_5 = -u_2, \quad u_6 = -u_1.$

Die Formeln von Tschebyscheff werden vornehmlich dann benutzt, wenn die Funktionswerte empirisch gefunden worden und mit Fehlern behaftet sind, da diese Werte mit gleichen Gewichten multipliziert werden. Voraussetzung ist aber, daß die Messungen genau an den Stellen u_ν vorgenommen werden können.

81. *Zahlenwerte für die Formeln von Gauß.*

$$\sum_{\nu=1}^{n} A_\nu = 1, \quad A_1 = A_n, \quad A_2 = A_{n-1}, \quad A_3 = A_{n-2}, \ldots$$

$n = 1;\quad u_1 = 0,$
$\qquad A_1 = 1.$
$n = 2;\quad u_1 = -0{,}577\,350\,27, \quad u_2 = -u_1.$
$\qquad A_1 = \frac{1}{2}, \quad A_2 = \frac{1}{2}.$
$n = 3;\quad u_1 = -0{,}774\,596\,67, \quad u_2 = 0, \quad u_3 = -u_1.$
$\qquad A_1 = \frac{5}{18}, \quad A_2 = \frac{8}{18}, \quad A_3 = \frac{5}{18}.$

$$
\begin{array}{llll}
n = 4; & u_1 = -0{,}861\,136\,31, & u_2 = -0{,}339\,981\,04, & \\
& u_3 = -u_2, & u_4 = -u_1 . & \\
& A_1 = 0{,}173\,927\,42, & A_2 = 0{,}326\,072\,58, & \\
& A_3 = A_2, & A_4 = A_1 . & \\
n = 5; & u_1 = -0{,}906\,179\,85, & u_2 = -0{,}538\,469\,31, & \\
& u_3 = 0\,, & u_4 = -u_2, & u_5 = -u_1 . \\
& A_1 = 0{,}118\,463\,44, & A_2 = 0{,}239\,314\,34, & \\
& A_3 = \frac{64}{225}, & A_4 = A_2, & A_5 = A_1 .
\end{array}
$$

Das Restglied ist

$$R_n = \frac{2^{2n+1}}{2n+1} \cdot \frac{n!^4}{(2n)!^3} F^{(2n)}(\eta)\,, \tag{10}$$

insbesondere ist

$$
\begin{aligned}
R_1 &= \frac{2}{3} F''(\eta) & &\approx 0{,}67 \cdot F''(\eta)\,, \\
R_2 &= \frac{1}{135} F^{(4)}(\eta) & &\approx 0{,}0074\, F^{(4)}(\eta)\,, \\
R_3 &= \frac{1}{15\,750} F^{(6)}(\eta) & &\approx 0{,}0^4 64\, F^{(6)}(\eta)\,, \\
R_4 &= \frac{1}{3\,472\,875} F^{(8)}(\eta) & &\approx 0{,}0^6 29\, F^{(8)}(\eta)\,, \\
R_5 &= \frac{1}{1\,237\,732\,650} F^{(10)}(\eta) & &\approx 0{,}0^9 81\, F^{(10)}(\eta)\,.
\end{aligned}
$$

Die η sind Zwischenstellen im Intervall $-1 \cdots +1$.

§ 2. Quadratur und Kubatur durch Interpolationsreihen.

82. Zur angenäherten Berechnung des Integrals

$$\int_a^b f(x)\, dx$$

lassen sich auch die Formeln der numerischen Integration [**73**, (3) und (4)] verwenden, falls $f(x)$ an äquidistanten Stellen x_ν gegeben ist.

83. *Kubatur.* Die Werte der Funktion $f(x, y)$ sind an den Punkten

$$x_\mu = x_0 + \mu h, \qquad y_\nu = y_0 + \nu k \qquad (\mu, \nu = 0, \pm 1, \pm 2, \ldots)$$

gegeben. Es wird gesetzt (Bezeichnungen s. **60**)

$$(1) \quad \begin{cases} x = x_0 + uh, \quad y = y_0 + vk, \\ f(x, y) = f(x_0 + uh, y_0 + vk) \equiv F(u, v), \\ \qquad f(x_\mu, y_\nu) = F(\mu, \nu) = f_{\mu\nu}\,. \end{cases}$$

Integration der Stirlingschen Interpolationsformel für Funktionen zweier Veränderlicher ergibt

$$(2) \quad \begin{cases} \int\limits_{x_0-h}^{x_0+h} \int\limits_{y_0-k}^{y_0+k} f(x, y)\,dx\,dy = hk \int\limits_{-1}^{1} \int\limits_{-1}^{1} F(u, v)\,du\,dv \\ = 4hk[f_{00} + \frac{1}{6}(\delta_x^2 f_{00} + \delta_y^2 f_{00}) \\ - \frac{1}{180}(\delta_x^4 f_{00} - 5\delta_x^2\delta_y^2 f_{00} + \delta_y^4 f_{00}) \\ + \frac{1}{1512}(\delta_x^6 f_{00} - \frac{7}{5}\delta_x^4\delta_y^2 f_{00} - \frac{7}{5}\delta_x^2\delta_y^4 f_{00} + \delta_y^6 f_{00}) + \cdots]. \end{cases}$$

Integration der Besselschen Interpolationsformel für Funktionen zweier Veränderlicher ergibt

$$(3) \quad \begin{cases} \int\limits_{x_0}^{x_0+h} \int\limits_{y_0}^{y_0+k} f(x, y)\,dx\,dy = hk \int\limits_{0}^{1} \int\limits_{0}^{1} F(u, v)\,du\,dv \\ = hk[1 - \frac{1}{12}(\delta_x^2 + \delta_y^2) + \frac{1}{720}(11\delta_x^4 + 5\delta_x^2\delta_y^2 + 11\delta_y^4) \\ \qquad - \frac{1}{60480}(191\delta_x^6 + 77\delta_x^4\delta_y^2 + 77\delta_x^2\delta_y^4 + 191\delta_y^6) \\ \qquad + \cdots](f_{00} + f_{01} + f_{10} + f_{11})\,. \end{cases}$$

Die einzelnen Glieder des Operators in der eckigen Klammer sind mit $f_{00} + f_{01} + f_{10} + f_{11}$ formal zu multiplizieren.

§ 3. Quadratur durch Summation; Summationsformeln.

84. *Quadratur bei größeren Intervallen.* Die Werte f_ν der Funktion $f(x)$ sind an $n+1$ äquidistanten Stellen $x_\nu = x_0 + \nu h$ $(\nu = 0, 1, 2, \ldots, n)$ gegeben. Aus der Trapezformel (vgl. **77**) folgt

$$(1) \quad \int\limits_{x_0}^{x_n} f(x)\,dx = \tfrac{1}{2}h(f_0 + 2f_1 + 2f_2 + 2f_3 + \cdots + 2f_{n-1} + f_n) \\ - \tfrac{1}{12}nh^3 f''(\xi) \qquad (x_0 < \xi < x_n)\,.$$

Fehlerabschätzung: Berechnet man das Integral einmal mit der einfachen Breite h und dann mit der doppelten Breite $2h$ der Teilintervalle, so ist der Fehler der genaueren Berechnung annähernd gleich $\frac{1}{3}$ des Unterschiedes beider Ergebnisse.

Aus der Simpsonschen Regel (vgl. 77) folgt

$$(2)\quad \begin{cases} \int\limits_{x_0}^{x_n} f(x)\,dx = \frac{1}{3} h(f_0 + 4f_1 + 2f_2 + 4f_3 + 2f_4 + \cdots \\ \qquad + 2f_{n-2} + 4f_{n-1} + f_n) - \frac{1}{180} nh^5 f^{(4)}(\xi) \\ \qquad\qquad (n \text{ gerade},\ x_0 < \xi < x_n). \end{cases}$$

Fehlerabschätzung: Berechnet man das Integral einmal mit der einfachen Breite h und dann mit der doppelten Breite $2h$ der Teilintervalle, so ist der Fehler der genaueren Berechnung annähernd gleich $\frac{1}{15}$ des Unterschieds beider Ergebnisse.

Das Restglied von (1) ist näherungsweise gleich $-\frac{1}{12}(x_n - x_0)\,M^{(2)}$, das Restglied von (2) ist näherungsweise gleich $-\frac{1}{180}(x_n - x_0)\,M^{(4)}$. Dabei ist $M^{(2)}(M^{(4)})$ ein mittlerer Wert der zweiten (vierten) Differenzen der f_ν.

Aus der Cotesschen Formel für vier Ordinaten (vgl. 77) folgt

$$(3)\quad \begin{cases} \int\limits_{x_0}^{x_n} f(x)\,dx = \frac{3}{8} h(f_0 + 3f_1 + 3f_2 + f_3 \\ \qquad + f_3 + 3f_4 + 3f_5 + f_6 \\ \qquad + \dots\dots\dots\dots\dots\dots \\ \qquad + f_{n-3} + 3f_{n-2} + 3f_{n-1} + f_n) + \text{Restglied} \\ \qquad\qquad (n = \text{Vielfaches von } 3). \end{cases}$$

Als *Weddlesche Regel* bezeichnet man die Formel

$$(4)\quad \begin{cases} \int\limits_{x_0}^{x_n} f(x)\,dx = \frac{3}{10} h[f_0 + 5f_1 + f_2 + 6f_3 + f_4 + 5f_5 + f_6 \\ + f_6 + 5f_7 + f_8 + 6f_9 + f_{10} + 5f_{11} + f_{12} \\ + f_{12} + \dots\dots\dots\dots\dots\dots\dots\dots \\ + f_{n-6} + 5f_{n-5} + f_{n-4} + 6f_{n-3} + f_{n-2} + 5f_{n-1} + f_n] \\ + \text{Restglied} \qquad (n = \text{Vielfaches von } 6). \end{cases}$$

85. *Summationsformeln von Euler, Gregory und Lubbock.* Die Stellen x_ν seien äquidistant, es sei $x_\nu = x_0 + \nu h$ $(\nu = 0, 1, 2, \ldots, n)$. Die Formel von Euler lautet

$$(5)\left\{\begin{aligned}
&\frac{1}{h}\int_{x_0}^{x_n} f(x)\,dx \\
&= \left|\frac{1}{2} f(x_0) + f(x_1) + f(x_2) + \cdots + f(x_{n-1}) + \frac{1}{2} f(x_n)\right| \\
&-\frac{1}{2!} B_2 h[f'(x_n) - f'(x_0)] - \frac{1}{4!} B_4 h^3 [f'''(x_n) - f'''(x_0)] \\
&-\frac{1}{6!} B_6 h^5 [f^{(5)}(x_n) - f^{(5)}(x_0)] - \cdots \\
&-\frac{1}{(2k-2)!} B_{2k-2} h^{2k-3} [f^{(2k-3)}(x_n) - f^{(2k-3)}(x_0)] \\
&-n \frac{1}{(2k)!} B_{2k} h^{2k} f^{(2k)}(\xi), \qquad x_0 < \xi < x_n .
\end{aligned}\right.$$

$B_2, B_4, B_6, \ldots$ sind die Bernoullischen Zahlen (vgl. 4). Die Striche bei f bedeuten Ableitungen nach x. Setzt man

$$f(x) = f(x_0 + uh) \equiv F(u)$$

und setzt fest, daß Striche bei F Ableitungen nach u bedeuten $(h^\varkappa f^{(\varkappa)} = F^{(\varkappa)})$, dann kann (5) auch in der Form

$$(6)\left\{\begin{aligned}
&\int_0^n F(u)\,du \\
&= [\tfrac{1}{2} F(0) + F(1) + F(2) + \cdots + F(n-1) + \tfrac{1}{2} F(n)] \\
&- \tfrac{1}{12} [F'(n) - F'(0)] + \tfrac{1}{720} [F'''(n) - F'''(0)] \\
&- \tfrac{1}{30240} [F^{(5)}(n) - F^{(5)}(0)] + \cdots
\end{aligned}\right.$$

geschrieben werden.

Werden die Ableitungen durch Differenzen ersetzt, so ergibt sich

$$
(7)\left\{\begin{aligned}
&\int_0^n F(u)\,du \\
&= [F(0)+F(1)+F(2)+\cdots+F(n-1)+F(n)] \\
&-\tfrac{1}{2}[F(n)+F(0)]-\tfrac{1}{12}[\nabla F(n)-\Delta F(0)] \\
&-\tfrac{1}{24}[\nabla^2 F(n)+\Delta^2 F(0)]-\tfrac{19}{720}[\nabla^3 F(n)-\Delta^3 F(0)] \\
&-\tfrac{3}{160}[\nabla^4 F(n)+\Delta^4 F(0)-\tfrac{863}{60480}[\nabla^5 F(n)-\Delta^5 F(0)] \\
&-\cdots
\end{aligned}\right.
$$

(Formel von Gregory).

Die Formeln (5), (6), (7) können sowohl zur Quadratur als auch zur Summation verwendet werden.

Mit den gleichen Bezeichnungen gilt

$$
(8)\left\{\begin{aligned}
&F(0)+F\left(\frac{1}{m}\right)+F\left(\frac{2}{m}\right)+\cdots+F\left(\frac{mn-1}{m}\right)+F(n) \\
&= m[F(0)+F(1)+F(2)+\cdots+F(n-1)+F(n)] \\
&-\frac{m-1}{2}[F(0)+F(n)] \\
&-\frac{m^2-1}{12m}[\nabla F(n)-\Delta F(0)] \\
&-\frac{m^2-1}{24m}[\nabla^2 F(n)+\Delta^2 F(0)] \\
&-\frac{(m^2-1)(19m^2-1)}{720m^3}[\nabla^3 F(n)-\Delta^3 F(0)] \\
&-\frac{(m^2-1)(9m^2-1)}{480m^3}[\nabla^4 F(n)+\Delta^4 F(0)] \\
&-\cdots
\end{aligned}\right.
$$

(Formel von Lubbock).

Hierbei ist $\Delta F(0)=F(1)-F(0)$ usw. Diese Formel gestattet, eine Summe von $nm+1$ Gliedern näherungsweise zu ersetzen durch eine Summe von $n+1$ Gliedern, in der nur jedes m-te Glied benutzt wird.

86. *Beispiel:* Nach der Summationsformel von Euler ist zu berechnen

$$S = \frac{1}{100^2} + \frac{1}{101^2} + \frac{1}{102^2} + \cdots + \frac{1}{150^2}.$$

In (4) ist zu setzen $h = 1$, $f(x) = \frac{1}{x^2}$, $x_0 = 100$, $x_n = 150$, $n = 50$. Um S mit 13 Stellen hinter dem Komma anzugeben, ist $k = 3$ zu wählen. Es ist weiter

$$f'(x) = -2! \cdot \frac{1}{x^3}, \quad f'''(x) = -4! \cdot \frac{1}{x^5}, \quad f^{(6)}(x) = 7! \cdot \frac{1}{x^8}$$

und

$$S = \left[-\frac{1}{x}\right]_{100}^{150} + \frac{1}{2} \cdot \frac{1}{100^2} + \frac{1}{2} \cdot \frac{1}{150^2} + \frac{1}{6}\left[-\frac{1}{x^3}\right]_{100}^{150} - \frac{1}{30}\left[-\frac{1}{x^5}\right]_{100}^{150}$$

$$\begin{aligned} = & -0{,}006\ 666\ 666\ 666\ 7 \\ & +0{,}010\ 000\ 000\ 000\ 0 \\ & +0{,}000\ 050\ 000\ 000\ 0 \\ & +0{,}000\ 022\ 222\ 222\ 2 \\ & -0{,}000\ 000\ 049\ 382\ 7 \\ & +0{,}000\ 000\ 166\ 666\ 7 \\ & +0{,}000\ 000\ 000\ 000\ 4 \\ & -0{,}000\ 000\ 000\ 003\ 3 \\ \hline & 0{,}003\ 405\ 672\ 836\ 6 \end{aligned}$$

Fehlerabschätzung:

$$R = -50 \cdot \frac{1}{6!} \cdot \frac{1}{42} \cdot 7! \frac{1}{\xi^8}, \quad 100 < \xi < 150$$

oder

$$-8{,}33 \cdot 10^{-16} < R < -3{,}25 \cdot 10^{-17}.$$

Man hätte also mit der gleichen Anzahl von Gliedern S sogar auf 14 Dezimalstellen genau berechnen können.

Literatur zu Abschn. V:

G. Kowalewski, Interpolation und genäherte Quadratur, Leipzig und Berlin 1932.

B. P. Moors, Valeur approximative d'une intégrale définie, Paris 1905.

C Runge u Fr. A. Willers, Numerische und graphische Quadratur und Integration gewöhnlicher und partieller Differentialgleichungen, in „Encykl d. math Wiss Bd II, Teil III, Heft 2".

Fr. A. Willers, Numerische Integration (Sammlung Göschen Bd. 864), Berlin und Leipzig 1923.

VI. Abschnitt.

Annäherung willkürlicher Funktionen durch Reihen gegebener.

§ 1. Allgemeiner Ansatz.

87. Eine Funktion $f(x)$ sei entweder für alle x eines Intervalls durch einen analytischen Ausdruck gegeben oder es seien von ihr einzelne Funktionswerte an getrennten Stellen gegeben, die noch mit Fehlern behaftet sein können. Die Funktion $f(x)$ soll durch eine endliche Reihe gegebener Funktionen

$$(1) \qquad \Phi(x) = a_0 \varphi_0(x) + a_1 \varphi_1(x) + \cdots + a_n \varphi_n(x)$$

in einem Intervall $a \cdots b$ derart „möglichst gut" angenähert werden, daß ein Integral (bzw. eine Summe) über einen quadratischen Ausdruck ein Minimum wird. (Beim Interpolationsproblem dagegen wurde $f(x)$ so durch ein Polynom $P(x)$ angenähert, daß $f(x)$ und $P(x)$ an gewissen Stellen übereinstimmten.)

88. Die Funktion $y = f(x)$ sei durch einen *analytischen Ausdruck* gegeben. Durch eine Transformation der unabhängigen Veränderlichen sei bereits erreicht, daß das fragliche Intervall, in dem angenähert wird, das Intervall $-1 \cdots +1$ sei. Der Fehler in einem Punkte x ist

$$(2) \qquad v(x) = \Phi(x) - f(x), \qquad -1 \leqq x \leqq +1.$$

Die Koeffizienten $a_0, a_1, \ldots, a_n$ sollen so bestimmt werden, daß

$$(3) \qquad Q \equiv \int_{-1}^{+1} [v(x)]^2 \, dx = \min$$

wird. $Q_{\min} \equiv Q_0$ ist ein Maß für die Güte der Annäherung. Die aus

$$(4) \qquad m^2 = \tfrac{1}{2} Q_0$$

berechnete Zahl m heißt der „mittlere Fehler" der Annäherung (der Faktor $\frac{1}{2}$ steht, weil die Intervallänge gleich 2 ist). Sei

$$(5)\qquad \left\{\begin{aligned} &\int_{-1}^{+1} \varphi_\iota \varphi_\varkappa \, dx = \alpha_{\iota\varkappa} = \alpha_{\varkappa\iota} \\ &\int_{-1}^{+1} \varphi_\iota f \, dx = \beta_\iota \end{aligned}\right\} \quad \begin{aligned} \iota &= 0, 1, 2, \ldots, n; \\ \varkappa &= 0, 1, 2, \ldots, n. \end{aligned}$$

Die Koeffizienten $a_0, a_1, \ldots, a_n$ berechnen sich aus dem System der „Normalgleichungen"

$$(6)\qquad \left\{\begin{aligned} &\alpha_{00} a_0 + \alpha_{01} a_1 + \cdots + \alpha_{0n} a_n - \beta_0 = 0, \\ &\alpha_{10} a_0 + \alpha_{11} a_1 + \cdots + \alpha_{1n} a_n - \beta_1 = 0, \\ &\cdots\cdots\cdots\cdots\cdots\cdots\cdots\cdots\cdots\cdots \\ &\alpha_{n0} a_0 + \alpha_{n1} a_1 + \cdots + \alpha_{nn} a_n - \beta_n = 0. \end{aligned}\right.$$

Ferner ist

$$(7)\qquad \left\{\begin{aligned} &\beta_0 a_0 + \beta_1 a_1 + \cdots + \beta_n a_n - \int_{-1}^{+1} f^2 dx = -Q_0, \\ &Q_0 = \int_{-1}^{+1} f^2 dx - \int_{-1}^{+1} \Phi^2 dx. \end{aligned}\right.$$

Beim Übergang zu einer besseren Annäherung (zu größerem n) muß man die Rechnung von neuem beginnen, es sei denn, daß die φ_ι ein Orthogonalsystem bilden. (Vgl. § 2.)

89. Die Funktion $y = f(x)$ sei *empirisch* gegeben, d. h. an den (nicht notwendig äquidistanten) Stellen $x_1, x_2, \ldots, x_N$ sind die Funktionswerte $y_1, y_2, \ldots, y_N$ gegeben. Der Fehler an der Stelle x_ν ist

$$(8)\qquad v_\nu = \Phi(x_\nu) - y_\nu.$$

Die Koeffizienten $a_0, a_1, a_2, \ldots, a_n$ werden so bestimmt, daß

$$(9)\qquad Q \equiv \sum_\nu v_\nu^2 = \min$$

wird. (Alle Summen $\sum_\nu$ sind von 1 bis N zu erstrecken).

Der mittlere Fehler m berechnet sich aus

$$(10)\qquad m^2 = \frac{Q_0}{N}.$$

Sei

$$(11)\quad \left\{\begin{aligned} &\sum_\nu \varphi_\iota(x_\nu)\,\varphi_\varkappa(x_\nu) = \alpha_{\iota\varkappa} = \alpha_{\varkappa\iota} \\ &\sum_\nu \varphi_\iota(x_\nu)\,y_\nu = \beta_\iota \end{aligned}\right\} \begin{aligned} &\iota = 0, 1, 2, \ldots, n; \\ &\varkappa = 0, 1, 2, \ldots, n. \end{aligned}$$

Die Koeffizienten $a_0, a_1, \ldots, a_n$ berechnen sich dann aus den Normalgleichungen (6). Ferner ist

$$(12)\quad \left\{\begin{aligned} &\beta_0 a_0 + \beta_1 a_1 + \cdots + \beta_n a_n - \sum_\nu y_\nu^2 = -Q_0, \\ &Q_0 = \sum_\nu y_\nu^2 - \sum_\nu [\Phi(x_\nu)]^2. \end{aligned}\right.$$

90. Annäherung einer *analytisch* gegebenen Funktion $f(x)$ durch ein *Polynom.* Man setzt

$$(13)\quad \left\{\begin{aligned} &\varphi_0(x) = 1,\quad \varphi_1(x) = x,\quad \varphi_2(x) = x^2, \ldots,\quad \varphi_n(x) = x^n, \\ &\qquad \Phi(x) = a_0 + a_1 x + a_2 x^2 + \cdots + a_n x^n \end{aligned}\right.$$

und

$$(14)\qquad J_\nu = \tfrac{1}{2}\int_{-1}^{+1} x^\nu f(x)\,dx \quad (\nu = 0, 1, 2, \ldots, n).$$

Die Normalgleichungen lauten

$$(15)\quad \left\{\begin{aligned} &1 \cdot a_0 + 0 \cdot a_1 + \tfrac{1}{3} \cdot a_2 + 0 \cdot a_3 + \tfrac{1}{5} \cdot a_4 + \cdots = J_0, \\ &0 \cdot a_0 + \tfrac{1}{3} \cdot a_1 + 0 \cdot a_2 + \tfrac{1}{5} \cdot a_3 + 0 \cdot a_4 + \cdots = J_1, \\ &\tfrac{1}{3} \cdot a_0 + 0 \cdot a_1 + \tfrac{1}{5} \cdot a_2 + 0 \cdot a_3 + \tfrac{1}{7} \cdot a_4 + \cdots = J_2, \\ &0 \cdot a_0 + \tfrac{1}{5} \cdot a_1 + 0 \cdot a_2 + \tfrac{1}{7} \cdot a_3 + 0 \cdot a_4 + \cdots = J_3, \\ &\tfrac{1}{5} \cdot a_0 + 0 \cdot a_1 + \tfrac{1}{7} \cdot a_2 + 0 \cdot a_3 + \tfrac{1}{9} \cdot a_4 + \cdots = J_4. \\ &\cdots\cdots\cdots\cdots\cdots\cdots\cdots\cdots\cdots\cdots \end{aligned}\right.$$

Das System von $n + 1$ Gleichungen zerfällt in zwei Systeme, eines für $a_0, a_2, a_4, \ldots$ und eines für $a_1, a_3, a_5, \ldots$. Das Quadrat des mittleren Fehlers ist

$$(16)\qquad m^2 = \tfrac{1}{2}\int_{-1}^{+1} f^2\,dx - \psi_n,$$

wobei

$$(17)\qquad \psi_n = a_0 J_0 + a_1 J_1 + \cdots + a_n J_n$$

ist. Die Werte der Koeffizienten $a_0, a_1, \ldots$ ausgedrückt durch $J_0, J_1, \ldots$ sind

$$
\begin{aligned}
n=0;\quad & a_0 = J_0.\\
n=1;\quad & a_0 = J_0,\quad a_1 = 3J_1.\\
n=2;\quad & a_0 = \tfrac{3}{4}(3J_0 - 5J_2),\quad a_1 = 3J_1,\\
& a_2 = \tfrac{15}{4}(3J_2 - J_0).\\
n=3;\quad & a_0 = \tfrac{3}{4}(3J_0 - 5J_2),\quad a_1 = \tfrac{15}{4}(5J_1 - 7J_3),\\
& a_2 = \tfrac{15}{4}(3J_2 - J_0),\quad a_3 = \tfrac{35}{4}(5J_3 - 3J_1).\\
n=4;\quad & a_0 = \tfrac{15}{64}(15J_0 - 70J_2 + 63J_4),\\
& a_1 = \tfrac{15}{4}(3J_1 - 7J_3),\\
& a_2 = \tfrac{105}{32}(-5J_0 + 42J_2 - 45J_4),\\
& a_3 = \tfrac{35}{4}(5J_3 - 3J_1),\\
& a_4 = \tfrac{315}{64}(3J_0 - 30J_2 + 35J_4).
\end{aligned}
$$

Man beachte, daß für $n = 0$ und 1, für $n = 2$ und 3, für $n = 4$ und 5, ... die Koeffizienten mit geradem Index durch den gleichen Ausdruck gegeben sind; ebenso sind für $n = 1$ und 2, für $n = 3$ und 4 für $n = 5$ und 6, ... die Koeffizienten mit ungeradem Index durch den gleichen Ausdruck gegeben.

Die Werte der ψ_n sind

$$
\psi_0 = a_0^2,\qquad \psi_1 = \psi_0 + \tfrac{1}{3}a_1^2,\qquad \psi_2 = \psi_1 + \tfrac{4}{45}a_2^2,
$$
$$
\psi_3 = \psi_2 + \tfrac{4}{175}a_3^2,\qquad \psi_4 = \psi_3 + \tfrac{64}{11025}a_4^2,\ \ldots
$$

Die Taylorsche Entwicklung der Funktion $f(x)$ an der Stelle $x = 0$ hat im allgemeinen im Intervall $-1 \cdots +1$ einen größeren mittleren Fehler.

91. Annäherung einer *empirisch* gegebenen Funktion $f(x)$ durch ein *Polynom.* Es gelten die Formeln (8) bis (12) aus **89** und (13) aus **90.** Die Normalgleichungen sind durch (6) gegeben; man beachte, daß $\sum_\nu 1 = N$ ist.

92. *Glätten von Beobachtungsfolgen.* Hat man von einer Funktion $y = f(x)$ an gewissen Stellen x_ν Werte y_ν beobachtet, die mit zufälligen Fehlern behaftet sind, so kann diese Beobachtungsfolge dadurch *geglättet* werden, daß man nach **89**, **91** oder **97** eine Näherungsfunktion $\Phi(x)$ bestimmt und die Werte $\Phi(x_\nu)$ an Stelle der beobachteten y_ν benutzt. Sind die x_ν äquidistant, dann verfährt man einfacher wie folgt:

Ist die Kurve $y = f(x)$ schwach gekrümmt, dann wird jeder Wert y_ν ersetzt durch

(18) $$y_\nu = \tfrac{1}{3}(y_{\nu-1} + y_\nu + y_{\nu+1}) = y_\nu + \tfrac{1}{3}\delta^2 y_\nu.$$

Ist die Kurve $y = f(x)$ stärker gekrümmt, dann wird jeder Wert y_ν ersetzt durch

(19) $$y_\nu = y_\nu - \tfrac{3}{35}\delta^4 y_\nu.$$

Hierbei ist

(20) $$\delta^4 y_\nu = y_{\nu-2} - 4y_{\nu-1} + 6y_\nu - 4y_{\nu+1} + y_{\nu+2}.$$

Dieses Glättungsverfahren kann wiederholt angewendet werden. Glättet man so lange, bis die $\delta^4 y_\nu$ in (19) verschwinden, dann hat man abschnittsweise durch ganze rationale Funktionen dritten Grades (im Sinne von 91) angenähert. Die gegebenen Formeln haben den Nachteil, daß sie am Anfang und Ende der Beobachtungsfolge nicht anwendbar sind.

93. *Beispiel:* Von der Bahn eines Punktes wurden folgende zusammengehörigen Koordinaten x_ν, y_ν beobachtet:

$x_\nu =$	0	2	4	6	8	10	12	14	16
$y_\nu =$	0,00	1,13	1,92	3,15	3,87	3,71	3,51	2,94	1,25

Die Gleichung der Bahnkurve ist durch ein Polynom dritten Grades anzunähern.

Man führt zur Vereinfachung der Rechnung $u = \tfrac{1}{2}(x - 8)$ ein. Dann ist (Benutzung von Tafel 3)

$$\sum_\nu 1 = 9, \quad \sum_\nu u_\nu^2 = 60, \quad \sum_\nu u_\nu^4 = 708, \quad \sum_\nu u_\nu^6 = 9780,$$

$$\sum_\nu y_\nu = 21{,}48, \quad \sum_\nu u_\nu y_\nu = 14{,}17, \quad \sum_\nu u_\nu^2 y_\nu = 85{,}21, \quad \sum_\nu u_\nu^3 y_\nu = 142{,}15.$$

Das System der Normalgleichungen für die Koeffizienten a_0, a_1, a_2, a_3 lautet

$$\begin{aligned} 9a_0 \quad & + 60a_2 & &= 21{,}48, \\ 60a_1 & & + 708a_3 &= 14{,}17, \\ 60a_0 \quad & + 708a_2 & &= 85{,}21, \\ 708a_1 & & + 9780a_3 &= 142{,}15 \end{aligned}$$

und zerfällt in zwei Systeme. Die Koeffizienten sind

$a_0 = 3{,}642$, $a_1 = 0{,}4436$, $a_2 = -0{,}1883$, $a_3 = -0{,}01758$.

Im x- y-System lautet die Gleichung der Bahnkurve

$$\Phi(x) = -0{,}019 + 0{,}553x + 0{,}00573x^2 - 0{,}0022x^3.$$

Es hat keinen Sinn, die Koeffizienten genauer anzugeben, da der mittlere Fehler $m = 0{,}14$ ist. Der höchste Punkt der Kurve hat die Koordinaten $x^* = 10{,}06$, $y^* = 3{,}88$.

§ 2. Annäherung durch Orthogonalsysteme.

94. Unter Zugrundelegung der Festsetzungen und Bezeichnungen von 87 und 88 wird weiter vorausgesetzt, daß die $\varphi_\iota(x)$ ein *Orthogonalsystem* für das Intervall $-1 \cdots +1$ bilden; d. h. es sei

$$(1)\qquad \begin{cases} \int\limits_{-1}^{+1} \varphi_\iota \varphi_\varkappa \, dx = 0 & \text{für } \iota \neq \varkappa, \\ \qquad\qquad = \lambda_\iota \neq 0 & \text{für } \iota = \varkappa. \end{cases}$$

Die Normalgleichungen lauten dann

$$(2)\qquad \lambda_\iota a_\iota = \int\limits_{-1}^{+1} \varphi_\iota f \, dx, \qquad \iota = 0, 1, 2, \ldots, n.$$

Beim Übergang zu höherem Näherungsgrad bleiben die alten Gleichungen erhalten, es werden nur weitere Gleichungen hinzugenommen, so daß die Rechnung nicht von vorn wiederholt zu werden braucht. Man hat ferner

$$(3)\qquad Q_0 = \int\limits_{-1}^{+1} f^2 \, dx - (\lambda_0 a_0^2 + \lambda_1 a_1^2 + \cdots + \lambda_n a_n^2).$$

95. Die *Legendreschen Kugelfunktionen* sind ein Beispiel für ein Orthogonalsystem im Intervall $-1 \cdots +1$. Die ersten sechs lauten

$$(4)\qquad \begin{cases} P_0(x) = 1, & P_1(x) = x, \\ P_2(x) = \frac{3}{2} x^2 - \frac{1}{2}, & P_3(x) = \frac{5}{2} x^3 - \frac{3}{2} x, \\ P_4(x) = \frac{35}{8} x^4 - \frac{15}{4} x^2 + \frac{3}{8}, & \\ P_5(x) = \frac{63}{8} x^5 - \frac{35}{4} x^3 + \frac{15}{8} x, \ldots & \end{cases}$$

Es ist

$$(5)\qquad \lambda_\iota = \int\limits_{-1}^{+1} [P_\iota(x)]^2 dx = \frac{2}{2\iota + 1}.$$

Rekursionsformel:

$$(6)\quad \begin{cases} (n+1)\,P_{n+1}(x) = (2n+1)\,x\cdot P_n(x) - nP_{n-1}(x), \\ \qquad (n=1,2,3,\ldots) \end{cases}$$

Die Verwendung von Kugelfunktionen bietet praktisch nur Vorteile, wenn Tafeln für sie zur Verfügung stehen.

96. Annäherung einer *analytisch* gegebenen periodischen Funktion durch ein *trigonometrisches Polynom.* Im Anschluß an **87**, **88**, **94** werden jetzt $\cos \varkappa x$ und $\sin \varkappa x$ als Orthogonalsystem gewählt. $f(x)$ sei eine periodische Funktion von der Periode 2π oder eine nur für $-\pi < x \leqq +\pi$ gegebene Funktion, die außerhalb dieses Intervalls periodisch fortgesetzt wird. Das Intervall, in dem angenähert wird, sei das Intervall $-\pi \cdots +\pi$. Es sei also

$$(7)\quad \begin{aligned} \Phi(x) = a_0 + a_1 \cos x + a_2 \cos 2x + \cdots + a_n \cos nx \\ + b_1 \sin x + b_2 \sin 2x + \cdots + b_n \sin nx. \end{aligned}$$

(Man beachte, daß das Absolutglied bisweilen mit $\frac{1}{2}a_0$ bezeichnet wird.)

Die $2n+1$ Koeffizienten $a_0, a_1, b_1, a_2, b_2, \ldots, a_n, b_n$ werden aus der Bedingung

$$(8)\qquad Q = \int_{-\pi}^{+\pi} [\Phi(x) - f(x)]^2\, dx = \min$$

bestimmt. Die Normalgleichungen lauten

$$(9)\quad \begin{cases} a_0 = \dfrac{1}{2\pi}\displaystyle\int_{-\pi}^{+\pi} f(x)\,dx, \\ a_\iota = \dfrac{1}{\pi}\displaystyle\int_{-\pi}^{+\pi} f(x)\cos \iota x\,dx \qquad (\iota = 1, 2, \ldots, n), \\ b_\iota = \dfrac{1}{\pi}\displaystyle\int_{-\pi}^{+\pi} f(x)\sin \iota x\,dx \qquad (\iota = 1, 2, \ldots, n). \end{cases}$$

Ferner ist

$$(10)\quad \left\{\begin{aligned} Q_0 = \int_{-\pi}^{+\pi} f^2 dx - (2\pi\, a_0^2 + \pi a_1^2 + \pi a_2^2 + \cdots + \pi a_n^2 \\ + \pi b_1^2 + \pi b_2^2 + \cdots + \pi b_n^2) \end{aligned}\right.$$

und

$$(11)\qquad m^2 = \frac{1}{2\pi} Q_0 .$$

Ist nicht 2π, sondern p die Periode von $f(x)$, so ist die Koordinatentransformation $x' = \frac{2\pi x}{p}$ vorzunehmen.

97. Annäherung einer *empirisch* gegebenen periodischen Funktion durch ein *trigonometrisches Polynom.* An den *äquidistanten* Stellen

$$x_0 = 0,\ x_1,\ x_2,\ \ldots,\ x_{N-1},\ x_N = 2\pi;\ x_\nu = \frac{2\pi\nu}{N}$$

sind die N Werte

$$y_0,\ y_1,\ y_2,\ \ldots,\ y_{N-1},\ y_N = y_0$$

der Funktion $y = f(x)$, die die Periode 2π habe, gegeben. Die $2n+1$ Koeffizienten $a_0, a_1, b_1, a_2, \ldots, a_n, b_n$ des Ansatzes (7) bestimmen sich aus der Bedingung

$$(12)\qquad Q = \sum_\nu [\Phi(x_\nu) - y_\nu]^2 = \min.$$

Es ist, falls $N \geqq 2n+1$

$$(13)\quad \left\{\begin{aligned} a_0 &= \frac{1}{N}\sum_{\nu=1}^{N} y_\nu , \\ a_\iota &= \frac{2}{N}\sum_{\nu=1}^{N} y_\nu \cos \iota x_\nu \qquad (\iota = 1, 2, \ldots, n), \\ b_\iota &= \frac{2}{N}\sum_{\nu=1}^{N} y_\nu \sin \iota x_\nu \qquad (\iota = 1, 2, \ldots, n). \end{aligned}\right.$$

Für Q_0 gilt

$$(14)\qquad Q_0 = \sum_\nu y_\nu^2 - N\left[a_0^2 + \tfrac{1}{2}\sum_{\iota=1}^{n} (a_\iota^2 + b_\iota^2)\right].$$

m berechnet sich dann aus (11).

§ 3. Harmonische Analyse.

98. An den *äquidistanten* Stellen

$$x_0 = 0, \quad x_1, \quad x_2, \ldots, x_{N-1}, \quad x_N = 2\pi; \qquad x_\nu = \frac{2\pi\nu}{N}$$

sind die Werte

$$y_0, \quad y_1, \quad y_2, \ldots, y_{N-1}, \quad y_N = y_0$$

der Funktion $y = f(x)$, die die Periode 2π habe, gegeben (vgl. **97**). Die Anzahl N der gegebenen Ordinaten stimme mit der Anzahl $2n$ der zu bestimmenden Koeffizienten überein und sei (aus praktischen Gründen) überdies ein Vielfaches von 4; es gelte also

$$N = 2n = 4p. \tag{1}$$

An Stelle von (7) tritt jetzt der Ansatz

$$\left\{\begin{aligned}\Phi(x) = a_0 + a_1 \cos x + a_2 \cos 2x + \cdots \\ + a_{n-1} \cos(n-1)x + a_n \cos nx \\ + b_1 \sin x + b_2 \sin 2x + \cdots + b_{n-1} \sin(n-1)x.\end{aligned}\right. \tag{2}$$

Der Ausdruck (12) kann zum Verschwinden gebracht werden, so daß $\Phi(x)$ mit $f(x)$ an den Stellen x_ν übereinstimmt, also zugleich das Problem der *trigonometrischen Interpolation* mit erledigt ist. Es ist

$$\left\{\begin{aligned} a_0 &= \frac{1}{N} \sum_\nu y_\nu, \\ a_\iota &= \frac{2}{N} \sum_\nu y_\nu \cos \iota x_\nu \qquad (\iota = 1, 2, \ldots, n-1), \\ b_\iota &= \frac{2}{N} \sum_\nu y_\nu \sin \iota x_\nu \qquad (\iota = 1, 2, \ldots, n-1), \\ a_n &= \frac{1}{N} \sum_\nu y_\nu \cos n x_\nu = \frac{1}{N} \sum_\nu (-1)^\nu y_\nu. \end{aligned}\right. \tag{3}$$

Als Probe dient $Q_0 = 0$, also

$$\sum_\nu y_\nu^2 - N\left[a_0^2 + \tfrac{1}{2} \sum_{\iota=1}^{n-1} (a_\iota^2 + b_\iota^2) + a_n^2\right] = 0. \tag{4}$$

Alle Summen $\sum\limits_\nu$ sind hier von 1 bis N oder 0 bis $N-1$ zu erstrecken.

99. *Rechenschema* (Bezeichnungen nach C. Runge). **Man** bildet

		y_1	y_2	y_3	$\cdots$	y_{2p-1}	y_{2p}
	y_{4p}	y_{4p-1}	y_{4p-2}	y_{4p-3}	$\cdots$	y_{2p+1}	
Summe:	s_0	s_1	s_2	s_3	$\cdots$	s_{2p-1}	s_{2p}
Differenz:		d_1	d_2	d_3	$\cdots$	d_{2p-1}	

$$\begin{cases} s_0 = y_{4p}, \qquad s_{2p} = y_{2p} \\ \left.\begin{array}{l} s_\nu = y_\nu + y_{4p-\nu} \\ d_\nu = y_\nu - y_{4p-\nu} \end{array}\right\} \nu = 1, 2, \ldots, 2p-1 \, . \end{cases}$$

Mit diesen Bezeichnungen ist

$$\begin{cases} a_0 = \dfrac{1}{N} \sum\limits_{\nu=0}^{n}{}' s_\nu \, , \\ \left.\begin{array}{l} a_\iota = \dfrac{2}{N} \sum\limits_{\nu=0}^{n}{}' s_\nu \cos \iota x_\nu \\ b_\iota = \dfrac{2}{N} \sum\limits_{\nu=1}^{n-1}{}' d_\nu \sin \iota x_\nu \end{array}\right\} \iota = 1, 2, \ldots, n-1 \, , \\ a_n = \dfrac{1}{N} \sum\limits_{\nu=0}^{n}{}' s_\nu \cos n x_\nu = \dfrac{1}{N} \sum\limits_{\nu=0}^{n}{}' (-1)^\nu s_\nu \, . \end{cases}$$

Diese Formeln werden noch nicht zur praktischen Rechnung benutzt. Man bildet weiter

	s_0	s_1	s_2	$\cdots$	s_{p-1}	s_p
	s_{2p}	s_{2p-1}	s_{2p-2}	$\cdots$	s_{p+1}	
Summe:	$\mathfrak{s}_0$	$\mathfrak{s}_1$	$\mathfrak{s}_2$	$\cdots$	$\mathfrak{s}_{p-1}$	$\mathfrak{s}_p$
Differenz:	$\mathfrak{d}_0$	$\mathfrak{d}_1$	$\mathfrak{d}_2$	$\cdots$	$\mathfrak{d}_{p-1}$	

	d_1	d_2	$\cdots$	d_{p-1}	d_p
	d_{2p-1}	d_{2p-2}	$\cdots$	d_{p+1}	
Summe:	σ_1	σ_2	$\cdots$	σ_{p-1}	σ_p
Differenz:	δ_1	δ_2	$\cdots$	δ_{p-1}	

$$\begin{cases} \mathfrak{s}_p = s_p, \qquad \sigma_p = d_p \\ \left.\begin{array}{ll} \mathfrak{s}_\nu = s_\nu + s_{2p-\nu}, & \sigma_\nu = d_\nu + d_{2p-\nu} \\ \mathfrak{d}_\nu = s_\nu - s_{2p-\nu}, & \delta_\nu = d_\nu - d_{2p-\nu} \end{array}\right\} \nu = 0, 1, 2, \ldots, p-1. \end{cases}$$

Mit diesen Bezeichnungen ist

$$a_0 = \frac{1}{N}\sum_{\nu=0}^{p} \mathfrak{s}_\nu$$

$$\left.\begin{array}{l} \left.\begin{array}{l} a_\iota = \dfrac{2}{N}\sum\limits_{\nu=0}^{p} \mathfrak{s}_\nu \cos\iota\, x_\nu \\ b_\iota = \dfrac{2}{N}\sum\limits_{\nu=1}^{p-1} \delta_\nu \sin\iota\, x_\nu \end{array}\right\} \iota \quad \text{gerade} \\ \left.\begin{array}{l} a_\iota = \dfrac{2}{N}\sum\limits_{\nu=0}^{p-1} \mathfrak{d}_\nu \cos\iota\, x_\nu \\ b_\iota = \dfrac{2}{N}\sum\limits_{\nu=1}^{p} \sigma_\nu \sin\iota\, x_\nu \end{array}\right\} \iota \ \text{ungerade} \end{array}\right\} \quad \iota = 1, 2, \ldots, n-1.$$

$$a_n = \frac{1}{N}\sum_{\nu=0}^{p} \mathfrak{s}_\nu \cos n\, x_\nu = \frac{1}{N}\sum_{\nu=0}^{p} (-1)^\nu\, \mathfrak{s}_\nu .$$

Es empfiehlt sich, durch Addition einer Konstanten alle gegebenen y_ν positiv zu machen. In praktisch vorkommenden Fällen ist meistens $4p = 12$ oder $= 24$.

100. *Harmonische Synthese:* Zu berechnen ist der Ausdruck

$$y_\nu = a_0 + \sum_{\iota=1}^{n} a_\iota \cos\iota\, x_\nu + \sum_{\iota=1}^{n-1} b_\iota \sin\iota\, x_\nu$$

mit

$$y_0 = y_N, \qquad x_\nu = \frac{2\pi\,\nu}{N}, \quad \nu = 0, 1, \ldots, N.$$

Es sei wieder $N = 2n = 4p$. Gegeben sind die N Koeffizienten $a_0, a_1, a_2, \ldots, a_n, b_1, b_2, \ldots, b_{n-1}$.

Es ist

$$\left.\begin{array}{l} s_\nu = 2\sum\limits_{\iota=0}^{n} a_\iota \cos\iota\, x_\nu \\ d_\nu = 2\sum\limits_{\iota=1}^{n-1} b_\iota \sin\iota\, x_\nu \end{array}\right\} \quad \nu = 1, 2, \ldots, n-1,$$

$$s_0 = y_0 = y_N = \sum_{\iota=0}^{n} a_\iota, \qquad d_0 = 0,$$

$$s_n = y_n = \sum_{\iota=0}^{n} (-1)^\iota a_\iota, \quad d_n = 0.$$

Aus den s_ν und d_ν werden dann nach **99** die y_ν berechnet.

Literatur zu Abschn. VI, § 3:

A. Hußmann, Rechnerische Verfahren zur harmonischen Analyse und Synthese. Berlin 1938.

P. Terebesi, Rechenschablonen für harmonische Analyse und Synthese, Berlin 1930.

L. Zipperer, Tafeln zur harmonischen Analyse periodischer Kurven, Berlin 1922.

VII. Abschnitt.

Integration von Differentialgleichungen.

§ 1. Das Verfahren von Runge, Heun und Kutta.

101. Vorgelegt sei die *gewöhnliche Differentialgleichung erster Ordnung*

$$\frac{dy}{dx} \equiv y' = f(x, y), \tag{1}$$

wobei $f(x, y)$ durch einen analytischen Ausdruck gegeben ist. Gesucht ist das Integral $y(x)$ von (1), das an der Stelle x_0 den Wert $y(x_0)$ annimmt. Bei der näherungsweise durchgeführten Integration wird eine zu den äquidistanten Stellen

$$x_0, x_1, x_2, x_3, \ldots \qquad (x_{\nu+1} - x_\nu = h)$$

gehörige Folge von Werten

$$y_0, y_1, y_2, y_3, \ldots$$

bestimmt, so daß $y_\nu \approx y(x_\nu)$ ist. Der begangene Fehler ist $\varepsilon_\nu = y_\nu - y(x_\nu)$.

102. Setzt man

$$y_{\nu+1} = y_\nu + \Delta y_\nu \qquad (\nu = 0, 1, 2, \ldots), \tag{2}$$

dann berechnet sich Δy_ν aus den folgenden Formeln, in denen nur die Berechnung von Funktionswerten $f(x, y)$ verlangt wird.

Formel erster Ordnung:

$$\Delta y_\nu = h f(x_\nu, y_\nu). \tag{3}$$

Formeln zweiter Ordnung:

$$
(4)\qquad \begin{cases} k^{(1)} = hf(x_\nu, y_\nu), \\ k^{(2)} = hf(x_\nu + h, y_\nu + k^{(1)}), \\ \Delta y_\nu = \frac{1}{2}\,(k^{(1)} + k^{(2)}) \end{cases}
$$

oder

$$
(5)\qquad \begin{cases} k^{(1)} = hf(x_\nu, y_\nu), \\ k^{(2)} = hf(x_\nu + \frac{1}{2}\,h, y_\nu + \frac{1}{2}\,k^{(1)}), \\ \Delta y_\nu = 0 \cdot k^{(1)} + k^{(2)} \end{cases}
$$

Formeln dritter Ordnung:

$$
(6)\qquad \begin{cases} k^{(1)} = hf(x_\nu, y_\nu), \\ k^{(2)} = hf(x_\nu + \frac{1}{2}\,h, y_\nu + \frac{1}{2}\,k^{(1)}), \\ k^{(3)} = hf(x_\nu + h, y_\nu - k^{(1)} + 2k^{(2)}). \\ \Delta y_\nu = \frac{1}{6}\,k^{(1)} + \frac{4}{6}\,k^{(2)} + \frac{1}{6}\,k^{(3)} \end{cases}
$$

oder

$$
(7)\qquad \begin{cases} k^{(1)} = hf(x_\nu, y_\nu), \\ k^{(2)} = hf(x_\nu + \frac{1}{3}\,h, y_\nu + \frac{1}{3}\,k^{(1)}). \\ k^{(3)} = hf(x_\nu + \frac{2}{3}\,h, y_\nu + \frac{2}{3}\,k^{(2)}). \\ \Delta y_\nu = \frac{1}{4}\,k^{(1)} + 0 \cdot k^{(2)} + \frac{3}{4}\,k^{(3)}. \end{cases}
$$

Formeln vierter Ordnung:

$$
(8)\qquad \begin{cases} k^{(1)} = hf(x_\nu, y_\nu), \\ k^{(2)} = hf(x_\nu + \frac{1}{2}\,h, y_\nu + \frac{1}{2}\,k^{(1)}), \\ k^{(3)} = hf(x_\nu + \frac{1}{2}\,h, y_\nu + \frac{1}{2}\,k^{(2)}), \\ k^{(4)} = hf(x_\nu + h, y_\nu + k^{(3)}), \\ \Delta y_\nu = \frac{1}{6}\,(k^{(1)} + 2k^{(2)} + 2k^{(3)} + k^{(4)}). \end{cases}
$$

Fehlerabschätzung: Man führe die Rechnung einmal mit der Schrittweite h und einmal mit der Schrittweite $2h$ durch. Der Fehler der genaueren Berechnung ist bei den Formeln m-ter Ordnung näherungsweise gleich $\frac{1}{2^m - 1}$ von der Differenz der beiden Ergebnisse.

Beispiel: S. 112.

103. Für ein *System gewöhnlicher Differentialgleichungen erster Ordnung*

$$(9)\qquad \frac{dy}{dx} \equiv y' = f(x, y, z), \qquad \frac{dz}{dx} \equiv z' = g(x, y, z)$$

sei das Integral $y(x), z(x)$ gesucht, für das $y(x_0) = y_0$, $z(x_0) = z_0$ gilt. Als Näherungslösung werden zwei Folgen $y_0, y_1, y_2, y_3, \ldots$ und $z_0, z_1, z_2, z_3, \ldots$ bestimmt, die zu den äquidistanten Stellen $x_0, x_1, x_2, x_3, \ldots$ $(x_{\nu+1} - x_\nu = h)$ gehören, so daß $y_\nu \approx y(x_\nu)$, $z_\nu \approx z(x_\nu)$ ist.

Entsprechendes gilt für Systeme von mehr als zwei Gleichungen. Im folgenden sind sämtliche Methoden für Systeme an dem Fall zweier Differentialgleichungen erklärt, woraus alles Nötige erkennbar ist.

Die Aufgabe, das Integral $y(x)$ einer Differentialgleichung zweiter Ordnung

$$(10)\qquad \frac{d^2y}{dx^2} \equiv y'' = g(x, y, y')$$

zu bestimmen, für das $y(x_0) = y_0$, $y'(x_0) = y'_0$ ist (Anfangswertproblem), wird durch die Substitution $y' = z$ auf die Behandlung des speziellen Systems

$$(11)\qquad \frac{dy}{dx} = z, \qquad \frac{dz}{dx} = g(x, y, z)$$

zurückgeführt.

In gleicher Weise wird die Differentialgleichung m-ter Ordnung

$$(12)\qquad \frac{d^my}{dx^m} = g(x, y, y', y'', \ldots, y^{(m-1)})$$

zurückgeführt auf ein System von m Differentialgleichungen erster Ordnung.

104. Wie sich die *Formeln von Runge, Heun und Kutta* auf *Systeme* (9) von gewöhnlichen Differentialgleichungen übertragen lassen, werde an der ersten Formel zweiter Ordnung gezeigt. Es ist

$$(13)\quad \begin{cases} k^{(1)} = h f(x_\nu, y_\nu, z_\nu), \\ l^{(1)} = h g(x_\nu, y_\nu, z_\nu), \\ k^{(2)} = h f(x_\nu + h, y_\nu + k^{(1)}, z_\nu + l^{(1)}), \\ l^{(2)} = h g(x_\nu + h, y_\nu + k^{(1)}, z_\nu + l^{(1)}), \\ \Delta y_\nu = \tfrac{1}{2}(k^{(1)} + k^{(2)}), \\ \Delta z_\nu = \tfrac{1}{2}(l^{(1)} + l^{(2)}). \end{cases}$$

§ 2. Das Verfahren der wiederholten Quadratur.

105. Die in **101** gestellte Integrationsaufgabe kann auch nach dem Verfahren der Näherungsfolgen behandelt werden. An den äquidistanten Stellen $x_\nu = x_0 + \nu h$ nimmt man eine Folge von ersten Näherungswerten

$$y_0^{(0)} = y_0, \quad y_1^{(0)}, \quad y_2^{(0)}, \quad y_3^{(0)}, \ldots$$

an (etwa indem man alle diese Werte konstant $= y_0$ wählt). Dann werden die Werte $f(x_\nu, y_\nu^{(0)}) \equiv f_\nu^{(0)}$ und das zugehörige Differenzenschema berechnet. Folgen von verbesserten Näherungswerten

$$y_0^{(1)} = y_0, \quad y_1^{(1)}, \quad y_2^{(1)}, \quad y_3^{(1)}, \ldots,$$
$$y_0^{(2)} = y_0, \quad y_1^{(2)}, \quad y_2^{(2)}, \quad y_3^{(2)}, \ldots,$$
$$\ldots\ldots\ldots\ldots\ldots\ldots\ldots\ldots$$

erhält man aus der integrierten Besselschen Interpolationsformel [vgl. **73**, (4)]

$$(1)\quad \begin{cases} y_{\nu+1}^{(\varkappa+1)} - y_\nu^{(\varkappa+1)} = h\left[\dfrac{f_\nu^{(\varkappa)} + f_{\nu+1}^{(\varkappa)}}{2} - \dfrac{1}{12}\,\dfrac{\delta^2 f_\nu^{(\varkappa)} + \delta^2 f_{\nu+1}^{(\varkappa)}}{2}\right. \\ \left. + \dfrac{11}{720}\,\dfrac{\delta^4 f_\nu^{(\varkappa)} + \delta^4 f_{\nu+1}^{(\varkappa)}}{2} - \dfrac{191}{60480}\,\dfrac{\delta^6 f_\nu^{(\varkappa)} + \delta^6 f_{\nu+1}^{(\varkappa)}}{2} + \cdots\right] \\ (\nu = 0, 1, 2, \ldots), \qquad (\varkappa = 0, 1, 2, \ldots). \end{cases}$$

Dabei ist zur Abkürzung $f_\nu^{(\varkappa)} = f(x_\nu, y_\nu^{(\varkappa)})$ gesetzt worden.

Man beachte, daß $y_0^{(\varkappa)} = y_0$ für alle Näherungsgrade $\varkappa$ ist. Wenn sich innerhalb der gewählten Genauigkeit die Werte von $y_\nu^{(\varkappa)}$ mit wachsendem $\varkappa$ nicht mehr ändern, dann werden diese Werte als die endgültigen Werte y_ν genommen. Kleinere Rechenfehler und Irrtümer gleichen sich mit der Zeit aus und verzögern höchstens die Konvergenz.

Rechenschema:

x_0	y_0	f_0		*	:	y_0	f_0		*	:	y_0
			$\delta f_{\frac{1}{2}}^{(0)}$		:			$\delta f_{\frac{1}{2}}^{(1)}$		:	
x_1	$y_1^{(0)}$	$f_1^{(0)}$		$\delta^2 f_1^{(0)}$	:	$y_1^{(1)}$	$f_1^{(1)}$		$\delta^2 f_1^{(1)}$	:	$y_1^{(2)}$
			$\delta f_{\frac{3}{2}}^{(0)}$		:			$\delta f_{\frac{3}{2}}^{(1)}$		:	
x_2	$y_2^{(0)}$	$f_2^{(0)}$		$\delta^2 f_2^{(0)}$	:	$y_2^{(1)}$	$f_2^{(1)}$		$\delta^2 f_2^{(1)}$	:	$y_2^{(2)}$
			$\delta f_{\frac{5}{2}}^{(0)}$		:			$\delta f_{\frac{5}{2}}^{(1)}$		:	
x_3	$y_3^{(0)}$	$f_3^{(0)}$		$\delta^2 f_3^{(0)}$	:	$y_3^{(1)}$	$f_3^{(1)}$		$\delta^2 f_3^{(1)}$	:	$y_3^{(2)}$
			$\delta f_{\frac{7}{2}}^{(0)}$		:			$\delta f_{\frac{7}{2}}^{(1)}$		:	
x_4	$y_4^{(0)}$	$f_4^{(0)}$		$\delta^2 f_4^{(0)}$	:	$y_4^{(1)}$	$f_4^{(1)}$		$\delta^2 f_4^{(1)}$	:	$y_4^{(2)}$
...	...	...	...	...	:	...	...	...	...	:	...

An den mit * bezeichneten Stellen müssen zur Berechnung der obersten y-Werte δ^2-Werte und möglichenfalls auch δ^4-, δ^6-Werte usw. extrapoliert werden, wenn man nicht an diesen Stellen eine durch Integration der ersten Newtonschen Interpolationsformel entstehende Formel benutzen will.

106. Das Verfahren kann ohne weiteres auf Systeme der in **103** genannten Art übertragen werden. Die beiden Näherungsfolgen

$$y_0^{(\varkappa)} = y_0,\ y_1^{(\varkappa)},\ y_2^{(\varkappa)},\ y_3^{(\varkappa)},\ \ldots, \qquad z_0^{(\varkappa)} = z_0,\ z_1^{(\varkappa)},\ z_2^{(\varkappa)},\ z_3^{(\varkappa)},\ \ldots$$

berechnen sich mittels der Formeln [vgl. (1)]

$$(2)\begin{cases} y_{\nu+1}^{(\varkappa+1)} - y_{\nu}^{(\varkappa+1)} = h\left[\dfrac{f_{\nu}^{(\varkappa)} + f_{\nu+1}^{(\varkappa)}}{2} - \dfrac{1}{12}\,\dfrac{\delta^2 f_{\nu}^{(\varkappa)} + \delta^2 f_{\nu+1}^{(\varkappa)}}{2} + \cdots\right] \\ z_{\nu+1}^{(\varkappa+1)} - z_{\nu}^{(\varkappa+1)} = h\left[\dfrac{g_{\nu}^{(\varkappa)} + g_{\nu+1}^{(\varkappa)}}{2} - \dfrac{1}{12}\,\dfrac{\delta^2 g_{\nu}^{(\varkappa)} + \delta^2 g_{\nu+1}^{(\varkappa)}}{2} + \cdots\right] \\ (\nu = 0, 1, 2, \ldots), \quad (\varkappa = 0, 1, 2, \ldots). \end{cases}$$

Hierbei ist $f_{\nu}^{(\varkappa)} \equiv f(x_{\nu}, y_{\nu}^{(\varkappa)}, z_{\nu}^{(\varkappa)})$, $g_{\nu}^{(\varkappa)} \equiv g(x_{\nu}, y_{\nu}^{(\varkappa)}, z_{\nu}^{(\varkappa)})$ gesetzt worden. Das Rechenschema ist analog dem in **105** gegebenen, abgesehen davon, daß jeweils sowohl ein Differenzenschema für die f-Werte wie auch eines für die g-Werte aufgestellt werden muß.

§ 3. Die Verfahren von Adams und Störmer.

107. Kennzeichnend für das *Verfahren von Adams* ist, daß vor seiner Anwendung die Integration bereits über einen gewissen Bereich ausgeführt sein muß. Zu integrieren sei die gewöhnliche Differentialgleichung erster Ordnung

$$(1) \qquad y' = f(x, y)$$

mit dem Anfangswert $y(x_0) = y_0$. Es seien bereits zu den äquidistanten Stellen $\ldots, x_{n-3}, x_{n-2}, x_{n-1}, x_n$ $(x_{\nu+1} - x_{\nu} = h)$ Näherungswerte $\ldots, y_{n-3}, y_{n-2}, y_{n-1}, y_n$ für die wahren Werte $\ldots, y(x_{n-3}), y(x_{n-2}), y(x_{n-1}), y(x_n)$ des gesuchten Integrals $y(x)$ gefunden. Wie dieses Anfangsstück gefunden wird, wird in **110** gezeigt werden. Die Funktionswerte $f(x_{\nu}, y_{\nu}) \equiv f_{\nu}$ können also für $\nu = \ldots, n-3, n-2, n-1, n$ berechnet werden. Sodann wird das zugehörige Differenzenschema gebildet. Der zur Stelle $x_{n+1} = x_n + h$ gehörige Wert y_{n+1} kann auf zwei Arten gefunden werden (s. **108** und **109**).

108. *Extrapolationsverfahren:* y_{n+1} berechnet sich aus

$$(2)\begin{cases} y_{\nu+1} - y_{\nu} = h[f_{\nu} + \tfrac{1}{2}\nabla f_{\nu} + \tfrac{5}{12}\nabla^2 f_{\nu} + \tfrac{3}{8}\nabla^3 f_{\nu} \\ \qquad + \tfrac{251}{720}\nabla^4 f_{\nu} + \tfrac{95}{288}\nabla^5 f_{\nu} + \tfrac{19087}{60480}\nabla^6 f_{\nu} + \cdots] \end{cases}$$

für $\nu = n$.

Rechenschema:

…	…	…	…	…	…	.
x_{n-3}	y_{n-3}	f_{n-3}		$\nabla^2 f_{n-2}$		.
			∇f_{n-2}		$\nabla^3 f_{n-1}$	.
x_{n-2}	y_{n-2}	f_{n-2}		$\nabla^2 f_{n-1}$		.
			∇f_{n-1}		$\nabla^3 f_n$	
x_{n-1}	y_{n-1}	f_{n-1}		$\nabla^2 f_n$		
			∇f_n		$\nabla^3 f_{n+1}$	
x_n	y_n	f_n		$\nabla^2 f_{n+1}$		
			∇f_{n+1}			
x_{n+1}	y_{n+1}	f_{n+1}				

Wenn die Integration bis zu den horizontalen Linien durchgeführt ist, läßt sich mittels (2) zu x_{n+1} der Wert y_{n+1} und damit auch f_{n+1} berechnen. Das Differenzenschema kann dann um eine aufsteigende Schrägzeile, die ∇f_{n+1}, $\nabla^2 f_{n+1}$, $\nabla^3 f_{n+1}, \ldots$ enthält, vervollständigt werden. Damit kann mittels Formel (2) mit $\nu = n+1$ der Wert y_{n+2} berechnet werden usf. Man erkennt, daß hier die Bezeichnung mit rückwärtsgenommenen Differenzen die zweckmäßige ist.

Fehlerabschätzung: Ztschr. f. angew. Math. u. Mech. **10**, 1930, 81—92.

Beispiel: s. 112.

109. *Interpolationsverfahren:* Für y_{n+1} beschafft man sich zunächst einen ersten Näherungswert $y_{n+1}^{(0)}$ aus Formel (2), die zu diesem Zwecke schon hinter dem Glied mit f_n oder ∇f_n abgebrochen werden kann. Sodann wird $f(x_{n+1}, y_{n+1}^{(0)}) \equiv f_{n+1}^{(0)}$ berechnet und das Differenzenschema durch Berechnung der aufsteigenden Schrägzeile, die $\nabla f_{n+1}^{(0)}$, $\nabla^2 f_{n+1}^{(0)}$, $\nabla^3 f_{n+1}^{(0)}, \ldots$ enthält, vervollständigt. Eine verbesserte Näherung $y_{n+1}^{(1)}$ berechnet sich dann aus

$$
(3)\begin{cases} y_{\nu+1}^{(\varkappa+1)} - y_\nu = h[f_{\nu+1}^{(\varkappa)} - \frac{1}{2}\nabla f_{\nu+1}^{(\varkappa)} - \frac{1}{12}\nabla^2 f_{\nu+1}^{(\varkappa)} - \frac{1}{24}\nabla^3 f_{\nu+1}^{(\varkappa)} \\ \qquad - \frac{19}{720}\nabla^4 f_{\nu+1}^{(\varkappa)} - \frac{3}{160}\nabla^5 f_{\nu+1}^{(\varkappa)} - \frac{863}{60480}\nabla^6 f_{\nu+1}^{(\varkappa)} \\ \qquad - \cdots] \end{cases}
$$

für $\nu = n$ und $\varkappa = 0$.

Rechenschema:

...	...	...	...			⋮
x_{n-3}	y_{n-3}	f_{n-3}		$\nabla^2 f_{n-2}$		
			∇f_{n-2}		$\nabla^3 f_{n-1}$	
x_{n-2}	y_{n-2}	f_{n-2}		$\nabla^2 f_{n-1}$		
			∇f_{n-1}		$\nabla^3 f_n$	
x_{n-1}	y_{n-1}	f_{n-1}		$\nabla^2 f_n$		
			∇f_n		$\nabla^3 f_{n+1}^{(0)}$	
x_n	y_n	f_n		$\nabla^2 f_{n+1}^{(0)}$		
			$\nabla f_{n+1}^{(0)}$		$\nabla^3 f_{n+1}^{(1)}$	
x_{n+1}	$y_{n+1}^{(0)}$	$f_{n+1}^{(0)}$		$\nabla^2 f_{n+1}^{(1)}$		
			$\nabla f_{n+1}^{(1)}$		$\nabla^3 f_{n+1}^{(2)}$	
	$y_{n+1}^{(1)}$	$f_{n+1}^{(1)}$		$\nabla^2 f_{n+1}^{(2)}$		
			$\nabla f_{n+1}^{(2)}$		...	
	$y_{n+1}^{(2)}$	$f_{n+1}^{(2)}$		...		
			...		$\nabla^3 f_{n+1}$	
	...	...		$\nabla^2 f_{n+1}$		
			∇f_{n+1}		...	
	y_{n+1}	f_{n+1}		...		
			...			
x_{n+2}	$y_{n+2}^{(0)}$	...				

Nach Berechnung von $y_{n+1}^{(1)}$ werden

$$f(x_{n+1}, y_{n+1}^{(1)}) \equiv f_{n+1}^{(1)}, \quad \nabla f_{n+1}^{(1)}, \quad \nabla^2 f_{n+1}^{(1)}, \ldots$$

in das Differenzenschema eingetragen, so daß mittels Formel (3) mit $\nu = n$ und $\varkappa = 1$ ein verbesserter Wert $y_{n+1}^{(2)}$ gefunden werden kann. In gleicher Weise werden mit $\varkappa = 2, 3, \ldots$ weitere verbesserte Werte $y_{n+1}^{(3)}, y_{n+1}^{(4)}, \ldots$ bestimmt, bis sich diese innerhalb der gewählten Genauigkeit nicht mehr ändern; der letzte so erhaltene Wert wird als endgültiger Wert y_{n+1} genommen. Nunmehr wird wieder aus (2) ein $y_{n+2}^{(0)}$ gewonnen und aus (3) mit $\nu = n + 1$ und $\varkappa = 0, 1, 2, \ldots$ Werte $y_{n+2}^{(1)}, y_{n+2}^{(2)}, \ldots, y_{n+2}$ usf.

Das Interpolationsverfahren ist wesentlich *genauer* als das Extrapolationsverfahren, die Koeffizienten in (3) sind kleiner und bequemer als in (2). Da die Näherungsfolgen in der Regel rasch konvergieren, ist die Rechenarbeit bei jenem nur etwa zwei- bis dreimal so groß wie beim Extrapolationsverfahren.

Beim praktischen Rechnen schreibt man alle vorläufigen Werte, die noch durch Näherungsfolgen verbessert werden, mit Bleistift, die endgültigen Werte mit Tinte.

Fehlerabschätzung: Ztschr. f. ang. Math. u. Mech. **12**, 1932, 44—59; **18** 1938, 83—90.

110. *Berechnung der Ausgangswerte.* Die für das Verfahren von Adams nötigen Ausgangswerte können entweder nach einem anderen Verfahren der numerischen Integration von Differentialgleichungen (s. § 1 und 2) berechnet werden oder mittels der Taylorentwicklung an der Stelle $x = x_0$

$$(4)\quad \begin{cases} y(x_1) = y_0 + h y_0' + \dfrac{1}{2!} h^2 y_0'' + \dfrac{1}{3!} h^3 y_0''' + \cdots, \\ y(x_2) = y_0 + 2 h y_0' + \dfrac{1}{2!} (2h)^2 y_0'' + \dfrac{1}{3!} (2h)^3 y_0''' + \cdots \\ \ldots\ldots\ldots\ldots\ldots\ldots\ldots\ldots\ldots\ldots\ldots\ldots \end{cases}$$

y_0 ist der gegebene Anfangswert, ferner ist dabei

$$(5)\quad \begin{cases} y_0' = f(x_0, y_0), \qquad y_0'' = (f_x + f f_y)_{x = x_0,\, y = y_0}, \\ y_0''' = [f_{xx} + 2 f f_{xy} + f^2 f_{yy} + f_y (f_x + f f_y)]_{x = x_0,\, y = y_0}, \ldots \end{cases}$$

(Die Indizes $_x$ und $_y$ bei f deuten partielle Ableitungen nach x bzw. y an.) Das letztgenannte Verfahren ist nur brauchbar, wenn die Reihen (4) gut konvergieren. Die Berechnung von y_0', y_0'', y_0''', ... ist meistens sehr umständlich. Die durch Abbrechen der Reihen (4) gewonnenen Näherungswerte für $y(x_1)$, $y(x_2)$ ... werden als Werte y_1, y_2, ... verwendet.

Ein dritter Weg, die nötigen Ausgangswerte zu verschaffen, ist die Berechnung von Näherungsfolgen. Es sei etwa verlangt, zu de gegebenen y_0 noch $y_1, y_2, \ldots, y_m$ hinzuzuberechnen. Benutzt man das Extrapolationsverfahren und geht in (2) bis zum Glied mit ∇^r einschließlich, dann ist $m = r$ zu wählen, benutzt man das Interpolationsverfahren und geht in (3) bis zum Gliede mit ∇^r einschließlich, dann ist $m = r - 1$ zu wählen. Man berechnet erste Näherungen $y_1^{(0)}, y_2^{(0)}, \ldots, y_m^{(0)}$ für die Werte $y_1, y_2, \ldots, y_m$ aus

$$(6)\qquad \begin{cases} y_1^{(0)} = y_0 + hf_0, \\ y_2^{(0)} = y_1^{(0)} + h(f_1^{(0)} + \tfrac{1}{2}\nabla f_1^{(0)}), \\ y_3^{(0)} = y_2^{(0)} + h(f_2^{(0)} + \tfrac{1}{2}\nabla f_2^{(0)} + \tfrac{5}{12}\nabla^2 f_2^{(0)}), \\ \ldots\ldots\ldots\ldots\ldots\ldots\ldots\ldots \end{cases}$$

[Abschnitte von Gl. (2)] oder einfacher aus

$$(7)\qquad \begin{cases} y_1^{(0)} = y_0 + hf_0, & y_3^{(0)} = y_2^{(0)} + hf_2^{(0)}, \\ y_2^{(0)} = y_1^{(0)} + hf_1^{(0)}, & \ldots\ldots\ldots\ldots \end{cases}$$

Mit diesen Werten sind $f_0^{(0)}, f_1^{(0)}, \ldots, f_m^{(0)}$ und die zugehörigen Differenzen zu berechnen. Die folgenden Gleichungen mit $\varkappa = 0$ gestatten, $y_1^{(1)}, y_2^{(1)}, \ldots, y_m^{(1)}$ zu berechnen, die in der gleichen Weise ($\varkappa = 1, 2, \ldots$) weiter verbessert werden, bis sie sich innerhalb der gewählten Genauigkeit nicht mehr ändern. Die letzterhaltenen Werte werden dann als $y_1, y_2, \ldots, y_m$ benutzt, womit das Anfangsstück gefunden ist.

$$
(8)\left\{\begin{array}{l}
\cdots\cdots\cdots\cdots\cdots\cdots\cdots\cdots\cdots\cdots\cdots\cdots\cdots\cdots\cdots\cdots\\
y_{m-3}^{(\varkappa+1)}-y_{m-4}^{(\varkappa+1)}\\
=h[f_m^{(\varkappa)}-\frac{7}{2}\nabla f_m^{(\varkappa)}+\frac{53}{12}\nabla^2 f_m^{(\varkappa)}-\frac{55}{24}\nabla^3 f_m^{(\varkappa)}+\frac{251}{720}\nabla^4 f_m^{(\varkappa)}+\cdots],\\
y_{m-2}^{(\varkappa+1)}-y_{m-3}^{(\varkappa+1)}\\
=h[f_m^{(\varkappa)}-\frac{5}{2}\nabla f_m^{(\varkappa)}+\frac{23}{12}\nabla^2 f_m^{(\varkappa)}-\frac{3}{8}\nabla^3 f_m^{(\varkappa)}-\frac{19}{720}\nabla^4 f_m^{(\varkappa)}+\cdots],\\
y_{m-1}^{(\varkappa+1)}-y_{m-2}^{(\varkappa+1)}\\
=h[f_m^{(\varkappa)}-\frac{3}{2}\nabla f_m^{(\varkappa)}+\frac{5}{12}\nabla^2 f_m^{(\varkappa)}+\frac{1}{24}\nabla^3 f_m^{(\varkappa)}+\frac{11}{720}\nabla^4 f_m^{(\varkappa)}+\cdots],\\
y_{m}^{(\varkappa+1)}-y_{m-1}^{(\varkappa+1)}\\
=h[f_m^{(\varkappa)}-\frac{1}{2}\nabla f_m^{(\varkappa)}-\frac{1}{12}\nabla^2 f_m^{(\varkappa)}-\frac{1}{24}\nabla^3 f_m^{(\varkappa)}-\frac{19}{720}\nabla^4 f_m^{(\varkappa)}+\cdots].
\end{array}\right.
$$

Es sind jeweils die m letzten dieser Gleichungen zu benutzen, wobei überall nach dem Gliede mit ∇^m abzubrechen ist. Tritt im Subtrahenden auf der linken Seite der untere Index 0 auf, so kann dort der obere Index weggelassen werden, da y_0 fest gegeben ist.

Fehlerabschätzung: Ztschr. f. angew. Math. u. Mech. **12**, 1932, 44–59; **18**, 1938, 83–90.

Beispiel: s. **112**.

111. Auch das Verfahren von Adams läßt sich auf *Systeme* von Differentialgleichungen erster Ordnung und auf Differentialgleichungen höherer Ordnung (s. **103**) übertragen; der Gang der Rechnung wird am Extrapolationsverfahren (s. **108**) gezeigt. Die Integration des Systems $y' = f(x, y, z)$, $z' = g(x, y, z)$ sei bereits durchgeführt bis zu den Werten $\ldots, y_{n-3}, y_{n-2}, y_{n-1}, y_n; \ldots, z_{n-3}, z_{n-2}, z_{n-1}, z_n$, die zu den äquidistanten Stellen $\ldots, x_{n-3}, x_{n-2}, x_{n-1}, x_n$ gehören. Weitere Werte $y_{n+1}, z_{n+1}, y_{n+2}, z_{n+2}, \ldots$ berechnen sich aus

$$
(9)\qquad \left\{\begin{array}{l}
y_{\nu+1}-y_\nu = h[f_\nu+\frac{1}{2}\nabla f_\nu+\frac{5}{12}\nabla^2 f_\nu+\cdots],\\
z_{\nu+1}-z_\nu = h[g_\nu+\frac{1}{2}\nabla g_\nu+\frac{5}{12}\nabla^2 g_\nu+\cdots]
\end{array}\right.
$$

[s. Formel (2)]. Dabei ist $f_\nu \equiv f(x_\nu, y_\nu, z_\nu)$ und $g_\nu \equiv g(x_\nu, y_\nu, z_\nu)$. Das Rechenschema ist wie in **108** angegeben, abgesehen davon, daß sowohl für die f-Werte als auch für die g-Werte ein Differenzenschema aufgestellt werden muß.

Die Differentialgleichung zweiter Ordnung

$$(10)\qquad y'' = g(x, y, y'),$$

die dem System

$$(11)\qquad y' = z, \quad z' = g(x, y, z)$$

äquivalent ist, kann am besten mit Hilfe der beiden Formeln

$$(12)\quad \begin{cases} z_{\nu+1} - z_\nu = h[g_\nu + \frac{1}{2}\nabla g_\nu + \frac{5}{12}\nabla^2 g_\nu + \cdots] \quad [\text{s. } (2)], \\ \nabla^2 y_{\nu+1} \equiv y_{\nu+1} - 2y_\nu + y_{\nu-1} \\ \qquad = h^2[g_\nu + \frac{1}{12}\nabla^2 g_\nu + \frac{1}{12}\nabla^3 g_\nu \\ \qquad + \frac{19}{240}\nabla^4 g_\nu + \frac{3}{40}\nabla^5 g_\nu + \frac{863}{12096}\nabla^6 g_\nu + \cdots] \\ \qquad\qquad [\text{s. } \mathbf{74}, (12)] \end{cases}$$

behandelt werden, so daß nur für die g_ν das Differenzenschema aufgestellt werden muß (*Verfahren von Störmer*). Kommt in (10) auf der rechten Seite y' nicht vor, hat also die Differentialgleichung die Gestalt

$$(13)\qquad y'' = g(x, y),$$

dann kann man auf die erste Gl. (12) verzichten und die Rechnung allein mit der zweiten Gl. (12) durchführen. Das Rechenschema ist dann wie folgt:

$\cdots$	$\cdots$	$\cdots$	$\cdots$	$\cdots$	$\cdots$	$\cdots$	$\cdots$	.
x_{n-3}	y_{n-3}		$\nabla^2 y_{n-2}$	g_{n-3}		$\nabla^2 g_{n-2}$		.
		∇y_{n-2}			∇g_{n-2}		$\nabla^3 g_{n-1}$	.
x_{n-2}	y_{n-2}		$\nabla^2 y_{n-1}$	g_{n-2}		$\nabla^2 g_{n-1}$		.
		∇y_{n-1}			∇g_{n-1}		$\nabla^3 g_n$	—
x_{n-1}	y_{n-1}		$\nabla^2 y_n$	g_{n-1}		$\nabla^2 g_n$	———	.
		∇y_n	———		∇g_n	———	$\cdots$	
x_n	y_n	———	$\nabla^2 y_{n+1}$	g_n	———	$\cdots$		
———	———	∇y_{n+1}		———	$\cdots$			
x_{n+1}	y_{n+1}			g_{n+1}				

Wenn die Rechnung bis zu den horizontalen Linien vorgeschritten ist, dann wird mittels der zweiten Gl. (12) $\nabla^2 y_{n+1}$ berechnet und in das Schema eingetragen. Damit ist auch ∇y_{n+1} und y_{n+1} gefunden. Nunmehr wird g_{n+1}, ∇g_{n+1}, $\nabla^2 g_{n+1}, \ldots$ berechnet, woraus $\nabla^2 y_{n+2}$ gefunden werden kann usf.

Fehlerabschätzung: Ztschr. f. angew. Math. u. Mech. **14**, 1934, 224—234.

(Rechnung zu Beispiel **112** von Seite 124).

	x	y	f	hf	Δy
*	0,00	1,00000	1,00000	0,020000	
					0,019616
	0,02	1,02000	0,96154	0,019231	
*	0,02	$1{,}01961_5$	0,96153	0,019231	
					0,018874
	0,04	1,03885	0,92585	0,018517	
*	0,04	1,03849	0,92582	0,018516	
					0,018184
	0,06	1,05701	0,89257	0,017851	
*	0,06	1,05667	0,89254	0,017850	
					0,017539
	0,08	1,07452	0,86141	0,017228	
*	0,08	1,07421	0,86138	0,017228	
					0,016936
	0,10	1,09144	0,83214	0,016643	
*	0,10	$1{,}09114_5$	0,83209	0,016642	
					0,016367
	0,12	1,10778	0,80453	0,016091	
*	0,12	1,10751	0,80448	0,016090	
					0,015829
	0,14	1,12360	0,77841	0,015568	
*	0,14	1,12334	0,77837	0,015567	
					0,015320
	0,16	1,13891	0,75364	0,015073	
*	0,16	1,13866	0,75359	0,015072	
					0,014837
	0,18	1,15373	0,73008	0,014602	
*	0,18	1,15350	0,73003	0,014601	
					0,014377
	0,20	1,16810	0,70762	0,014152	
*	0,20	1,16788			

Nur die mit * bezeichneten Werte (x, y) sind Punkte der Integralkurve.

112. *Beispiel:* Die Differentialgleichung

$$y' = \frac{y - x}{y + x}$$

ist für die Anfangswerte $x_0 = 0$, $y_0 = 1$ im Intervall $x = 0 \ldots 0{,}20$ zu integrieren.

Integration nach dem Verfahren von Runge, Heun und Kutta. Es sei $h = 0{,}02$. Benutzt werden die Formeln zweiter Ordnung (4) des § 1. Rechenschema:

x_ν	y_ν	$f(x_\nu, y_\nu)$	$hf(x_\nu, y_\nu) = k^{(1)}$	$\frac{1}{2}(k^{(1)} + k^{(2)})$
$x_\nu + h$	$y_\nu + k^{(1)}$	$f(x_\nu + h, y_\nu + k^{(1)})$	$k^{(2)}$	
$x_{\nu+1}$	$y_{\nu+1}$			

(Rechnung siehe Seite 123).

Zum Vergleich werde die Integration nach dem Verfahren von Adams durchgeführt. Es sei wieder $h = 0{,}02$. Benutzt werde die Formel (2) aus **108** (Extrapolationsverfahren) mit dem Näherungsgrad 2

$$y_{\nu+1} - y_\nu = h\left[f_\nu + \tfrac{1}{2}\nabla f_\nu + \tfrac{5}{12}\nabla^2 f_\nu\right].$$

Da ein Anfangsstück von drei Punkten der Kurve bekannt sein muß, werden zu dem gegebenen Werte y_0 noch Werte y_1 und y_2 hinzuberechnet, und zwar zum Vergleich auf zweierlei Art.

Berechnung der Ausgangswerte mittels der Taylorreihe. Durch fortgesetzte Differentiation findet man

$$\begin{aligned} yy' + xy' - y + x &= 0, \\ y'^2 + yy'' + xy'' + 1 &= 0, \\ 3y'y'' + yy''' + y'' + xy''' &= 0, \\ 3y''^2 + 4y'y''' + yy^{\mathrm{IV}} + xy^{\mathrm{IV}} + 2y''' &= 0, \\ \ldots\ldots\ldots\ldots\ldots\ldots\ldots\ldots\ldots \end{aligned}$$

Hieraus folgt

$$y_0' = 1, \quad y_0'' = -2, \quad y_0''' = 8, \quad y_0^{\mathrm{IV}} = -60, \quad y_0^{\mathrm{V}} = 640, \quad y_0^{\mathrm{VI}} = -8840, \ldots$$

und

$$y = 1 + x - x^2 + \tfrac{4}{3}x^3 - \tfrac{5}{2}x^4 + \tfrac{16}{3}x^5 - \tfrac{221}{18}x^6 + \cdots$$

Für $x = h$ und $x = 2h$ ergibt sich

$$y_1 = 1{,}019610 \text{ und } \quad y_2 = 1{,}038479.$$

Berechnung der Ausgangswerte durch Näherungsfolgen. Die Gl. (8) des § 3 lauten in unserm Falle ($m = 2$)

$$\begin{cases} y_1^{(\varkappa+1)} - y_0 \quad = h\left[f_2^{(\varkappa)} - \frac{3}{2}\nabla f_2^{(\varkappa)} + \frac{5}{12}\nabla^2 f_2^{(\varkappa)}\right], \\ y_2^{(\varkappa+1)} - y_1^{(\varkappa+1)} = h\left[f_2^{(\varkappa)} - \frac{1}{2}\nabla f_2^{(\varkappa)} - \frac{1}{12}\nabla^2 f_2^{(\varkappa)}\right]. \end{cases}$$

Aus den Gl. (7) des § 3 folgen erste Näherungswerte $y_1^{(0)}$ und $y_2^{(0)}$, mit denen $f_1^{(0)}$ und $f_2^{(0)}$ und das zugehörige Differenzenschema berechnet wird. Berechnung von $y_1^{(1)}$ und $y_2^{(1)}$:

ν	x_ν	$y_\nu^{(0)}$	$f_\nu^{(0)}$	$hf_\nu^{(0)}$	$h\nabla f_\nu^{(0)}$	$h\nabla^2 f_\nu^{(0)}$
0	0,00	1,0000	1,0000	0,02000		
					— 77	
1	0,02	1,0200	0,9615	0,01923		6
					— 71	
2	0,04	1,0400	0,9259	0,01852		

Hieraus folgt

$$y_1^{(1)} - y_0 = 0{,}01961, \qquad y_2^{(1)} - y_1^{(1)} = 0{,}01887.$$

Berechnung von $y_1^{(2)}$ und $y_2^{(2)}$:

ν	x_ν	$y_\nu^{(1)}$	$f_\nu^{(1)}$	$hf_\nu^{(1)}$	$h\nabla f_\nu^{(1)}$	$h\nabla^2 f_\nu^{(1)}$
0	0,00	1,00000	1,00000	0,020000		
					— 770	
1	0,02	1,01961	0,96152	0,019230		56
					— 714	
2	0,04	1,03848	0,92582	0,018516		

Hieraus folgt

$$y_1^{(2)} - y_0 = 0{,}019610, \qquad y_2^{(2)} - y_1^{(2)} = 0{,}018868.$$

Als Anfangswerte können genommen werden:

$$y_1 = 1{,}019610, \quad y_2 = 1{,}038478.$$

Das Verfahren von Adams liefert die folgenden Punkte der Integralkurve:

ν	x_ν	y_ν	f_ν	hf_ν	$h\nabla f_\nu$	$h\nabla^2 f_\nu$
0	0,00	1,00000	1,0000	0,02000		
					— 77	
1	0,02	1,01961	0,9615	0,01923		6
					— 71	
2	0,04	1,03848	0,9258	0,01852		4
					— 67	
3	0,06	1,05667	0,8925	0,01785		5
					— 62	
4	0,08	1,07420	0,8614	0,01723		3
					— 59	
5	0,10	1,09114	0,8321	0,01664		4
					— 55	
6	0,12	1,10750	0,8045	0,01609		3
					— 52	
7	0,14	1,12334	0,7784	0,01557		2
					— 50	
8	0,16	1,13866	0,7536	0,01507		3
					— 47	
9	0,18	1,15349	0,7300	0,01460		
10	0,20	1,16787				

Der Vergleich zeigt die große Überlegenheit des Verfahrens von Adams gegenüber dem von Runge, Heun und Kutta. Bei den Rungeschen Formeln zweiter, dritter, vierter, ... Ordnung müssen zwei-, drei-, viermal, ... soviel Funktionswerte $f(x, y)$ berechnet werden. In der Berechnung dieser Werte steckt aber der Hauptteil der Rechenarbeit.

Die im Beispiel gegebene Differentialgleichung läßt sich in geschlossener Form integrieren. Das entsprechende Integral ist

$$\log_e (x^2 + y^2) = 2 \operatorname{arc\,tg} \frac{x}{y}.$$

Die exakten Werte der Koordinaten des letzten Punktes sind

$$x_{10} = 0{,}20, \qquad y_{10} = 1{,}167842.$$

§ 4. Das Differenzenverfahren für gewöhnliche Differentialgleichungen. [1]

113. Vorgelegt sei eine *gewöhnliche lineare Differentialgleichung* m-ter Ordnung

[1] Herrn Prof. Dr. L. Collatz (Hannover) bin ich für Beiträge über das Differenzenverfahren (§ 4 und 5) zu Danke verpflichtet.

$$(1) \qquad \sum_{\mu=0}^{m} a_\mu(x) \frac{d^\mu y}{dx^\mu} = g(x).$$

Entweder an einer Stelle $x = a$ oder an zwei Stellen $x = a$ und $x = b$ $(a < b)$ seien m Anfangs- oder Randbedingungen vorgegeben

$$(2) \qquad \sum_{\mu=0}^{m-1} [c_{\varrho\mu} y^{(\mu)}(a) + d_{\varrho\mu} y^{(\mu)}(b)] = e_\varrho.$$

Die $c_{\varrho\mu}, d_{\varrho\mu}, e_\varrho$ sind gegebene Konstanten. Gesucht seien für die hierdurch festgelegte Lösung $y = f(x)$ Näherungswerte an äquidistanten Stellen des Intervalls $a \cdots b$.

Das Intervall $a \cdots b$ werde in n gleiche Teile der Länge $h = \frac{b-a}{n}$ („Maschenweite") geteilt. Der Wert einer Funktion $f(x), g(x), \ldots$ an der Stelle $a + \nu h$ wird durch Anhängen des Index ν bezeichnet, also

$$(3) \qquad f_\nu \equiv f(a + \nu h), \qquad g_\nu \equiv g(a + \nu h), \ldots$$

Die gesuchten Näherungswerte von f_ν seien mit F_ν bezeichnet.

Man beachte, daß in Übereinstimmung mit der Literatur die Bezeichnungen der § 1—3 dahin geändert sind, daß hier der Näherungswert von $f_\nu \equiv f(a + \nu h)$ mit F_ν bezeichnet wird, während früher y_ν den Näherungswert von $y(a + \nu h)$ bezeichnete.

Das *Differenzenverfahren* stellt lineare Gleichungen zur Berechnung der F_ν auf, indem der Differentialgleichung (1) und den Randbedingungen (2) „finite Gleichungen" gegenübergestellt werden, d. h. lineare Beziehungen zwischen den F_ν, die also keine Differentialquotienten mehr enthalten. Dazu werden alle in (1) und (2) auftretenden Differentialquotienten durch „finite Ausdrücke" erster Annäherung (Differenzenquotienten) oder höherer Annäherung ersetzt, je nach dem vorliegenden Genauigkeitsbedürfnis.

114. *Tafel finiter Ausdrücke.*

$$f'(x) = \frac{1}{h}[f(x+h) - f(x)] + \frac{1}{2} h m_2,$$

$$f'(x) = \frac{1}{2h}[f(x+h) - f(x-h)] + \frac{1}{6}h^2 m_3\,,$$

$$f'(x) = \frac{1}{12h}[-f(x+2h) + 8f(x+h) - 8f(x-h) + f(x-2h)] + \frac{1}{30}h^4 m_5\,,$$

$$f'(x) = \frac{1}{60h}[f(x+3h) - 9f(x+2h) + 45f(x+h) - 45f(x-h) - 9f(x-2h) - f(x-3h)] + \frac{47}{2100}h^6 m_7\,,$$

$$f''(x) = \frac{1}{h^2}[f(x+h) - 2f(x) + f(x-h)] + \frac{1}{12}h^2 m_4\,,$$

$$f''(x) = \frac{1}{12h^2}[-f(x+2h) + 16f(x+h) - 30f(x) + 16f(x-h) - f(x-2h)] + \frac{1}{54}h^4 m_6\,,$$

$$f''(x) = \frac{1}{180h^2}[2f(x+3h) - 27f(x+2h) + 270f(x+h) - 490f(x) + 270f(x-h) - 27f(x-2h) + 2f(x-3h)] + \frac{47}{8400}h^6 m_8\,,$$

$$f'''(x) = \frac{1}{h^3}[f(x+2h) - 3f(x+h) + 3f(x) - f(x-h)] + \frac{5}{6}hm_4\,,$$

$$f'''(x) = \frac{1}{2h^3}[f(x+2h) - 2f(x+h) + 2f(x-h) - f(x-2h)] + \frac{17}{60}h^2 m_5\,,$$

$$f'''(x) = \frac{1}{8h^3}[-f(x+3h) + 8f(x+2h) - 13f(x+h)$$

$$+13f(x-h)-8f(x-2h)+f(x-3h)]+\frac{403}{2520}h^4m_7,$$

$$f^{\mathrm{IV}}(x)=\frac{1}{h^4}[f(x+2h)-4f(x+h)+6f(x)-4f(x-h)$$
$$+f(x-2h)]+\frac{17}{90}h^2m_6,$$

$$f^{\mathrm{IV}}(x)=\frac{1}{6h^4}[-f(x+3h)+12f(x+2h)-39f(x+h)$$
$$+56f(x)-39f(x-h)+12f(x-2h)-f(x-3h)]$$
$$+\frac{403}{5040}h^4m_8,$$

Dabei bedeutet m_ϱ eine Zahl, die dem Betrage nach kleiner ist als das Maximum des Betrages der ϱ-ten Ableitung von $f(x)$ in einem Intervall, das jeweils alle im finiten Ausdruck vorkommenden Abszissen im Innern enthält.

Allgemeine Formeln für $f'(x)$ und $f''(x)$ sind

$$f'(x)=\frac{p!^2}{h}\sum_{\varrho=1}^{p}\frac{(-1)^{\varrho+1}}{\varrho(p-\varrho)!\,(p+\varrho)!}[f(x+\varrho h)-f(x-\varrho h)]$$
$$+\text{Restglied }(2p+1)\text{-ter Ordnung}\quad (p=1,2,3,\ldots),$$

$$f''(x)=-\frac{2}{h^2}\sum_{\mu=1}^{p}\frac{1}{\mu^2}f(x)$$
$$+\frac{2}{h^2}p!^2\sum_{\varrho=1}^{p}\frac{(-1)^{\varrho+1}}{\varrho^2(p-\varrho)!\,(p+\varrho)!}[f(x+\varrho h)+f(x-\varrho h)]$$
$$+\text{Restglied }(2p+2)\text{-ter Ordnung}\quad (p=1,2,3,\ldots).$$

Zu jedem Differentialausdruck der Form (1) gibt es finite Ausdrücke mit beliebig vorgegebenem Annäherungsgrad $\geqq m$.

115. *Gang des Differenzenverfahrens* für die Aufgabe (1), (2) in **113**. Das Intervall $a\cdots b$ wird in n Teile geteilt. Für jedes $\nu(\nu=1,2,\ldots,n-1)$ stellt man eine der Differentialgleichung (1) entsprechende finite Gleichung auf unter Benutzung der Tafel **114**. Bei Verwendung von finiten Ausdrücken höherer Annäherung kann man die außerhalb des Intervalls $a \cdots b$ liegenden F_ν mittels finiter Gleichungen geringerer Annäherung eliminieren (vgl. das Beispiel in **116**). In gleicher Weise stellt man zu den Randbedingungen (2) finite Randbedingungen auf, die die fehlenden Gleichungen zur Bestimmung der Näherungswerte F_ν liefern.

116. *Beispiel:* Zu lösen ist das „Eigenwertproblem"

$$y'' + \lambda x \cdot y = 0, \quad y(0) = y(1) = 0.$$

Es ist also $a = 0, b = 1$; wir wählen $n = 4, h = \frac{1}{4}$. Die gesuchten Näherungswerte der Lösung $y = f(x)$ sind

$$F_\nu \approx f(\nu h) \qquad (\nu = 1, 2, 3).$$

I) Das Verfahren erster Annäherung gibt

$$\nu = 1,\ x = \tfrac{1}{4};\quad \frac{1}{h^2}(F_2 - 2F_1 + F_0) + \lambda \cdot \tfrac{1}{4} \cdot F_1 = 0,$$

$$\nu = 2,\ x = \tfrac{1}{2};\quad \frac{1}{h^2}(F_3 - 2F_2 + F_1) + \lambda \cdot \tfrac{1}{2} \cdot F_2 = 0,$$

$$\nu = 3,\ x = \tfrac{3}{4};\quad \frac{1}{h_2}(F_4 - 2F_3 + F_2) + \lambda \cdot \tfrac{3}{4} \cdot F_3 = 0$$

$$F_0 = F_4 = 0.$$

Nach Einsetzen von $F_0 = F_4 = 0$ entstehen drei homogene lineare Gleichungen für F_1, F_2, F_3. Diese haben nur dann eine nichttriviale Lösung, wenn die Determinante aus den Koeffizienten verschwindet. Das liefert eine kubische Gleichung für λh^2. Als kleinste Wurzel λ ergibt sich $\lambda = 17{,}87$, ein Wert, der um 6% vom exakten Wert $\lambda = 18{,}956$ abweicht. Nunmehr können die zugehörigen Werte F_1, F_2, F_3 bis auf einen gemeinsamen Faktor bestimmt werden. In praktisch vorkommenden Fällen wird man eine geringere Maschenweite h wählen.

II) Das Verfahren zweiter Annäherung gibt

$$\nu = 1,\ x = \tfrac{1}{4};\ \frac{1}{12h^2}(-F_3 + 16F_2 - 30F_1 + 16F_0 - F_{-1}) + \lambda \cdot \tfrac{1}{4}F_1 = 0,$$

$$\nu = 2,\ x = \tfrac{1}{2};\ \frac{1}{12h^2}(-F_4 + 16F_3 - 30F_2 + 16F_1 - F_0) + \lambda \cdot \tfrac{1}{2}F_2 = 0,$$

$$\nu = 3,\ x = \tfrac{3}{4};\ \frac{1}{12h^2}(-F_5 + 16F_4 - 30F_3 + 16F_2 - F_1) + \lambda \cdot \tfrac{3}{4}F_3 = 0,$$

$$F_0 = F_4 = 0.$$

Die Werte F_{-1} und F_5 werden eliminiert, indem man für die Randpunkte $x = 0$ und $x = 1$ Gleichungen erster Annäherung verwendet

$$\nu = 0, x = 0; \quad \frac{1}{h^2}(F_1 - 2F_0 + F_{-1}) + \lambda \cdot 0 \cdot F_0 = 0,$$

$$\nu = 4, x = 1; \quad \frac{1}{h^2}(F_5 - 2F_4 + F_3) \quad + \lambda \cdot 1 \cdot F_4 = 0.$$

Hieraus folgt

$$F_{-1} = -F_1, \quad F_5 = -F_3.$$

Wird jetzt die Koeffizientendeterminante des Gleichungssystems für F_1, F_2, F_3 gleich Null gesetzt, so liefert die entstehende kubische Gleichung als kleinste Wurzel $\lambda = 18{,}86$; der Fehler beträgt nur 0,5%.

117. *Konvergenzsatz* für selbstadjungierte Differentialgleichungen zweiter Ordnung. Gegeben ist die Differentialgleichung für die Funktion $y = f(x)$

$$(4) \quad \begin{cases} \dfrac{d}{dx}\left[p(x)\dfrac{dy}{dx}\right] + q(x)\,y(x) + \lambda y(x) = g(x), \\ y(0) = y(1) = 0\,. \end{cases}$$

Dabei soll $p(x) > 0$ eine zweimal differentiierbare Funktion sein, $q(x)$ und $g(x)$ seien im Intervall $0 \leqq x \leqq 1$ stetig. Gl. (4) wird mit $h = \frac{1}{n}$ durch die Differenzengleichung

$$(5) \quad \begin{cases} p_\nu n^2(F_{\nu+1} - 2F_\nu + F_{\nu-1}) + n(p_{\nu+1} - p_\nu)(F_{\nu+1} - F_\nu) \\ \qquad + (q_\nu + \lambda)F_\nu = g_\nu \quad (\nu = 1, 2, \ldots, n-1), \\ F_0 = F_n = 0 \end{cases}$$

ersetzt. Dann gilt

I) Wenn λ kein Eigenwert von (4) mit $g(x) \equiv 0$ ist, dann gilt, falls $\lim\limits_{n\to\infty} \frac{\nu}{n} = x$ ist,

$$(6) \quad \begin{cases} \lim\limits_{n\to\infty} F_\nu = f(x), \quad \lim\limits_{n\to\infty} n(F_{\nu+1} - F_\nu) = \dfrac{df}{dx}, \\ \lim\limits_{n\to\infty} n^2(F_{\nu+1} - 2F_\nu + F_{\nu-1}) = \dfrac{d^2f}{dx^2} \end{cases}$$

gleichmäßig für alle x aus dem Intervall $0 \leqq x \leqq 1$.

II) Für $g_\nu \equiv 0$ seien $\lambda_m^{(n)}$ die der Größe nach geordneten Nullstellen der Determinante des Systems (5); λ_m sei der m-te Eigenwert des Problems (4) mit $g(x) \equiv 0$. Dann gilt

(7) $$\lim_{n \to \infty} \lambda_m^{(n)} = \lambda_m .$$

§ 5. Das Differenzenverfahren für partielle Differentialgleichungen.

118. Das in § 4 geschilderte Differenzenverfahren läßt sich auch auf *partielle lineare Differentialgleichungen* übertragen. Wir beschränken uns hier auf den Fall zweier unabhängiger Veränderlicher.

In der Ebene der unabhängigen Veränderlichen x und y wird ein Punktgitter zugrunde gelegt, das gewöhnlich als rechteckig, bisweilen als dreieckig oder sechseckig, angenommen wird. Im ersten Fall besteht es aus den Punkten

(1) $$x_\mu = x_0 + \mu h, \quad y_\nu = y_0 + \nu l \quad (\mu, \nu = 0, \pm 1, \pm 2, \ldots).$$

Der Wert irgend einer Funktion der Veränderlichen x und y an der Stelle x_μ, y_ν wird durch Anhängen der Indizes μ, ν bezeichnet, z. B.

(2) $$f_{\mu,\nu} = f(x_0 + \mu h, y_0 + \nu l).$$

Das Differenzenverfahren liefert Näherungswerte $F_{\mu,\nu}$ für die $f_{\mu,\nu}$, d. h. für die Werte der Lösung $z = f(x, y)$ in den Gitterpunkten. Ebenso, wie es in **113** geschildert ist, werden auch hier die partiellen Differentialquotienten durch „finite Ausdrücke“, d. h. lineare Kombinationen der Funktionswerte in den Gitterpunkten, ersetzt und der Differentialgleichung und den Randbedingungen „finite“ Gleichungen gegenübergestellt.

119. *Bildung finiter Ausdrücke.* Mit Benutzung der Tafel **114** lassen sich finite Ausdrücke im Fall zweier Veränderlicher am leichtesten bilden, wenn man die „Verschiebungsoperatoren“ E_x und E_y einführt: diese sind definiert durch

$$E_x f(x, y) \equiv f(x+h, y), \qquad E_y f(x, y) \equiv f(x, y+l).$$

Diese Operatoren lassen sich miteinander multiplizieren, in jede ganzzahlige (positive oder negative) Potenz erheben, miteinander und mit Differentialoperatoren vertauschen; z. B. ist

$$E_x^p f(x, y) = f(x+ph, y), \qquad E_x E_y f(x, y) = f(x+h, y+l).$$

Beispiel: Bildung eines finiten Ausdrucks zu $\dfrac{\partial^2 f}{\partial x \partial y}$. Unter Fortlassung der Restglieder gilt nach **114**

$$\left(\frac{\partial f}{\partial x}\right)_{0\,0} \approx \frac{1}{2h}(f_{1,0} - f_{-1,0}) = \frac{1}{2h}(E_x - E_x^{-1}) f_{0,0}$$

$$\left(\frac{\partial f}{\partial y}\right)_{0,0} \approx \frac{1}{2l}(f_{0,1} - f_{0,-1}) = \frac{1}{2l}(E_y - E_y^{-1}) f_{0.0}.$$

Hieraus folgt

$$\left(\frac{\partial^2 f}{\partial x \partial y}\right)_{0,0} \approx \frac{1}{4hl}(E_x E_y - E_x E_y^{-1} - E_x^{-1} E_y + E_x^{-1} E_y^{-1}) f_{0,0}$$

$$= \frac{1}{4hl}(f_{1,1} \quad f_{1,-1} - f_{-1,1} + f_{-1,-1}).$$

$\left(\dfrac{\partial^2 f}{\partial x \partial y}\right)_{\mu,\nu}$ wird erhalten, indem rechts alle ersten Indizes um μ, alle zweiten Indizes um ν vergrößert werden.

120. *Tafel finiter Ausdrücke.*

I) Im quadratischen Gitter ($h = l$) gilt

$$\Delta f(x_0, y_0) \equiv \frac{\partial^2 f(x_0, y_0)}{\partial x^2} + \frac{\partial^2 f(x_0, y_0)}{\partial y^2}$$

$$= \frac{1}{h^2}(f_{1,0} + f_{0,1} + f_{-1,0} + f_{0,-1} - 4 f_{0,0}) + \frac{1}{6} h^2 m_4,$$

$$\Delta f(x_0, y_0) = \frac{1}{12 h^2}[-(f_{2,0} + f_{0,2} + f_{-2,0} + f_{0,-2})$$

$$+ 16(f_{1,0} + f_{0,1} + f_{-1,0} + f_{0,-1}) - 60 f_{0,0}]$$

$$+ \frac{1}{27} h^4 m_6,$$

$$\Delta\Delta f(x_0, y_0) \equiv \left(\frac{\partial^4}{\partial x^4} + 2\frac{\partial^4}{\partial x^2 \partial y^2} + \frac{\partial^4}{\partial y^4}\right) f(x_0, y_0)$$
$$= \frac{1}{h^4}[20 f_{0,0} - 8(f_{0,1} + f_{1,0} + f_{-1,0} + f_{0,-1})$$
$$+ 2(f_{1,1} + f_{1,-1} + f_{-1,1} + f_{-1,-1})$$
$$+ (f_{0,2} + f_{2,0} + f_{-2,0} + f_{0,-2})] + \text{const} \cdot h^2 m_6,$$

$$\Delta\Delta f(x_0, y_0) = \frac{1}{6h^4}[-(f_{0,3} + f_{0,-3} + f_{3,0} + f_{-3,0})$$
$$+ 14(f_{0,2} + f_{0,-2} + f_{2,0} + f_{-2,0})$$
$$- 77(f_{0,1} + f_{0,-1} + f_{1,0} + f_{-1,0}) + 184 f_{0,0}$$
$$+ 20(f_{1,1} + f_{1,-1} + f_{-1,1} + f_{-1,-1})$$
$$- (f_{1,2} + f_{2,1} + f_{1,-2} + f_{2,-1} + f_{-1,2} + f_{-2,1}$$
$$+ f_{-1,-2} + f_{-2,-1})] + \text{const} \cdot h^4 m_8.$$

Dabei bedeutet m_ϱ eine Zahl, die dem Betrage nach kleiner ist als das Maximum des Betrages aller partiellen ϱ-ten Ableitungen von $f(x, y)$ in einem konvexen Gebiet, das alle in dem betreffenden Ausdruck vorkommenden Gitterpunkte enthält.

II) Im Dreiecksnetz (s. Abb. 6) gilt

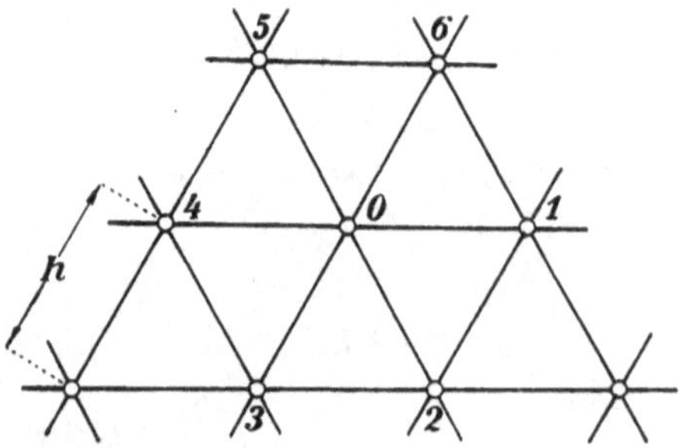

Abb. 6.

$$\Delta f(x_0, y_0) = \frac{2}{3h^2}(f_1 + f_2 + f_3 + f_4 + f_5 + f_6 - 6f_0) + \text{Restglied}.$$

Der Gitterpunkt (x_0, y_0) ist mit 0, die sechs ihm zunächst liegenden Punkte sind mit 1, 2, 3, 4, 5, 6 bezeichnet worden; h ist die Seite des gleichseitigen Dreiecks.

III) Im Sechsecksnetz (s. Abb. 7) gilt

$$\Delta f(x_0, y_0) = \frac{4}{3h^2}(f_1 + f_2 + f_3 - 3f_0) + \text{Restglied}.$$

Der Gitterpunkt (x_0, y_0) ist mit 0, die drei ihm zunächst liegenden Punkte sind mit 1, 2, 3 bezeichnet worden; h ist die Seite des regelmäßigen Sechsecks.

Zu jedem linearen Differentialausdruck m-ter Ordnung mit n unabhängigen Veränderlichen gibt es finite Ausdrücke mit beliebig hoch vorgegebenem Annäherungsgrad $\geqq m$.

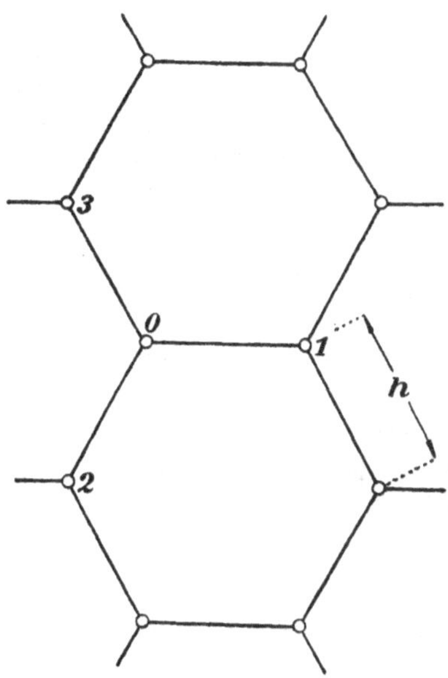

Abb. 7.

121. *Elliptische Differentialgleichungen.* Vorgelegt sei die Differentialgleichung

$$a(x, y)\frac{\partial^2 z}{\partial x^2} + c(x, y)\frac{\partial^2 z}{\partial y^2} = t(x, y) \tag{3}$$

für die Funktion $z = f(x, y)$ in einem Gebiet der x- y-Ebene, das von einer geschlossenen, doppelpunktfreien, stückweise glatten Randkurve S begrenzt ist. Es seien $a(x, y) > 0$, $c(x, y) > 0$, $t(x, y)$ stetige Funktionen; auf S sind Randwertwerte f vorgegeben. (*Erste Randwertaufgabe.*)

Zugrunde gelegt wird ein quadratisches Gitter

(4) $x_\mu = x_0 + \mu h, \quad y_\nu = y_0 + \nu h \quad (\mu, \nu = 0, \pm 1, \pm 2, \ldots).$

Auf dem innerhalb von S gelegenen „Gitterrand“ S_1 werden Randwerte $\overline{F}$ angenommen. Für jeden inneren Gitterpunkt (x_μ, y_ν) wird dann eine der Gl. (3) entsprechende finite Gleichung angeschrieben, z. B. in erster Annäherung

(5) $$a_{\mu,\nu}(F_{\mu+1,\nu} - 2F_{\mu,\nu} + F_{\mu-1,\nu}) \\ + c_{\mu,\nu}(F_{\mu,\nu+1} - 2F_{\mu,\nu} + F_{\mu,\nu-1}) = h^2 t_{\mu,\nu}.$$

Aus dem so erhaltenen Gleichungssystem lassen sich die $F_{\mu,\nu}$ berechnen, entweder direkt oder schrittweise durch Näherungsfolgen (Liebmannsches Mittelungsverfahren, dessen Konvergenz bewiesen ist; s. das folgende Beispiel).

Fehlerabschätzung: Ztschr. f. ang. Math. u. Mech. **10**, 1930, S. 373—382.

122. *Beispiel:* Das Torsionsproblem führt auf die Differentialgleichung

(*) $$\Delta z \equiv \frac{\partial^2 z}{\partial x^2} + \frac{\partial^2 z}{\partial y^2} = -1.$$

Randbedingung sei, daß $z = 0$ ist am Rande eines Rechtecks mit den Seitenlängen 3 und 2. Es ist $a(x, y) \equiv 1$, $c(x, y) \equiv 1$, $t(x, y) \equiv -1$. Die Randkurve S ist zugleich Gitterrand S_1. Die

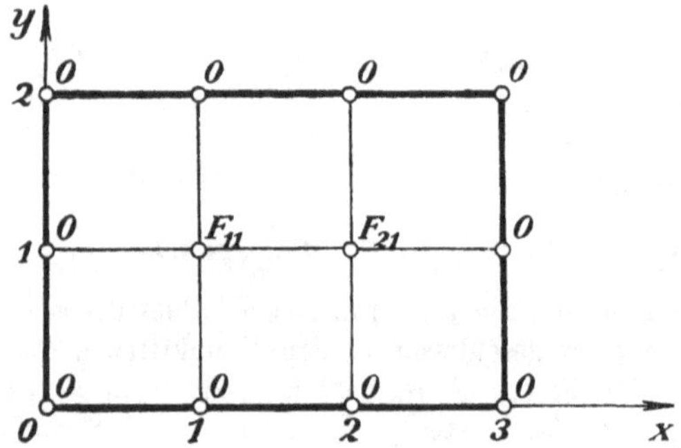

Abb. 8.

finite Gleichung erster Annäherung lautet

$$(**)\qquad F_{\mu+1,\nu} + F_{\mu,\nu+1} + F_{\mu-1,\nu} + F_{\mu,\nu-1} - 4F_{\mu,\nu} = -h^2.$$

I) Die Maschenweite $h = 1$ liefert eine erste grobe Annäherung. Es sind nur zwei innere Punkte vorhanden, für die die Funktionswerte F_{11}, F_{21} zu bestimmen sind (s. Abb. 8). Aus Symmetriegründen ist $F_{11} = F_{21}$. Gl. (**) ergibt mit $h = 1$

$$0 + 0 + 0 + F_{21} - 4F_{11} = -1.$$

Hieraus folgt $F_{11} = F_{21} = \frac{1}{3}$.

II) Steigerung der Genauigkeit durch Verfeinerung der Maschenweite. Es sei $h = \frac{1}{2}$. Aus Symmetriegründen kann man sich auf ein Viertel des Rechtecks beschränken. (Es ist z. B. $F_{41} = F_{21}$, $F_{13} = F_{11}$). Zu bestimmen sind die sechs unbekannten Funktions-

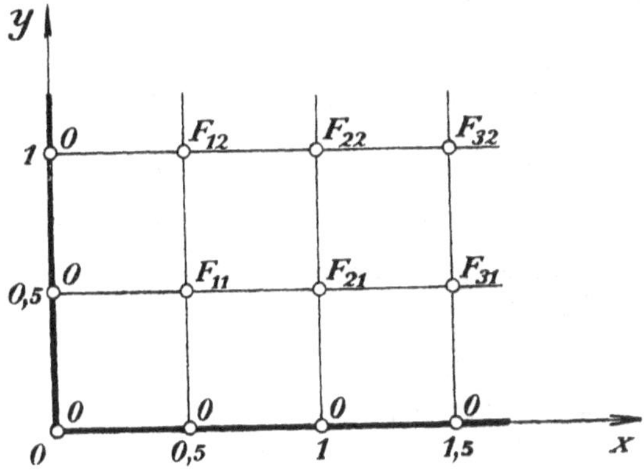

Abb. 9.

werte $F_{11}, F_{12}, F_{21}, F_{22}, F_{31}, F_{32}$. (s. Abb. 9). Gl. (**) ergibt für die sechs Punkte $(\mu, \nu) = (1,1), (1,2), (2,1), (2,2), (3,1), (3,2)$

$$\begin{aligned}
0 + F_{21} + 0 + F_{12} - 4F_{11} &= -\tfrac{1}{4}, \\
0 + F_{22} + F_{11} + F_{13} - 4F_{12} &= -\tfrac{1}{4} \text{ mit } F_{13} = F_{11}, \\
F_{11} + F_{31} + 0 + F_{22} - 4F_{21} &= -\tfrac{1}{4}, \\
F_{12} + F_{32} + F_{21} + F_{23} - 4F_{22} &= -\tfrac{1}{4} \text{ mit } F_{23} = F_{21}, \\
F_{21} + F_{41} + 0 + F_{32} - 4F_{31} &= -\tfrac{1}{4} \text{ mit } F_{41} = F_{21}, \\
F_{22} + F_{42} + F_{31} + F_{33} - 4F_{32} &= -\tfrac{1}{4} \text{ mit } F_{33} = F_{31} \\
&\qquad \text{und } F_{42} = F_{22}.
\end{aligned}$$

Die Werte $F_{13}, F_{23}, F_{33}, F_{41}, F_{42}$ werden mit Hilfe der rechts angeschriebenen, aus der Symmetrie folgenden Gleichungen eliminiert. Die Lösung des Gleichungssystem ergibt folgende Werte, aufgeschrieben entsprechend ihrer Lage im Rechteck

$$\begin{array}{|lll} F_{12} = \frac{1356}{5432}, & F_{22} = \frac{1960}{5432}, & F_{32} = \frac{2130}{5432}, \\ F_{11} = \frac{1053}{5432}, & F_{21} = \frac{1498}{5432}, & F_{31} = \frac{1621}{5432}. \\ \hline \end{array}$$

oder

$$\begin{array}{|lll} F_{12} = 0{,}24963, & F_{22} = 0{,}36082, & F_{32} = 0{,}39212, \\ F_{11} = 0{,}19385, & F_{21} = 0{,}27577, & F_{31} = 0{,}29842. \\ \hline \end{array}$$

Braucht man eine genauere Lösung des Problems, so hat man die Maschenweite h zu verfeinern oder Formeln höherer Annäherung zu benutzen.

III) *Das Liebmannsche Mittelungsverfahren* benutzt Näherungsfolgen.

In den inneren Punkten des Bereichs werden rohe Näherungswerte $F^{(0)}_{\mu,\nu}$ angenommen. Verbesserte Werte berechnen sich dann aus

$$F^{(\varrho)}_{\mu,\nu} = \tfrac{1}{4}\left(F^{(\varrho-1)}_{\mu+1,\nu} + F^{(\varrho-1)}_{\mu,\nu+1} + F^{(\varrho-1)}_{\mu-1,\nu} + F^{(\varrho-1)}_{\mu,\nu-1} + h^2\right), \ \varrho = 1, 2, \ldots$$

Regel: neuer Wert gleich $\frac{1}{4}$ mal (Summe der vier alten Nachbarwerte $+ h^2$).

Auf Grund der rohen Näherung I) geht man etwa von folgenden Werten $F^{(0)}_{\mu,\nu}$ aus:

0,25	0,35	0,40
0,20	0,30	0,30

Anwendung des Mittelungsverfahrens gibt der Reihe nach die folgenden Werte

0,250	0,375	0,388
0,200	0,275	0,313

0,2563	0,3595	0,4065
0,1938	0,2845	0,2920

0,2493	0,3704	0,3883
0,1977	0,2738	0,3064

0,2540	0,3588	0,4009
0,1933	0,2811	0,2965

0,2489	0,3668	0,3902
0,1963	0,2747	0,3033

Es hat keinen Sinn, bei der gewählten Maschenweite $h = \frac{1}{2}$ das Schema mittels dieses Verfahrens auf viele Dezimalstellen zu berechnen, da die höheren Dezimalstellen zwar mit der exakten Lösung der Differenzengleichung, nicht aber mit der der Differentialgleichung übereinstimmen würden. Genauere Werte sind nur durch Maschenverfeinerung zu gewinnen.

123. *Weiteres Beispiel:* Gesucht sind die Eigenwerte des folgenden Randwertproblems. Es soll sein

$$(*) \qquad \Delta z + \lambda z \equiv \frac{\partial^2 z}{\partial x^2} + \frac{\partial^2 z}{\partial y^2} + \lambda z = 0$$

im Innern und $z = 0$ am Rande eines gleichschenklig-rechtwinkligen Dreiecks mit den Seitenlängen $1, 1, \sqrt{2}$ (s. Abb. 10).

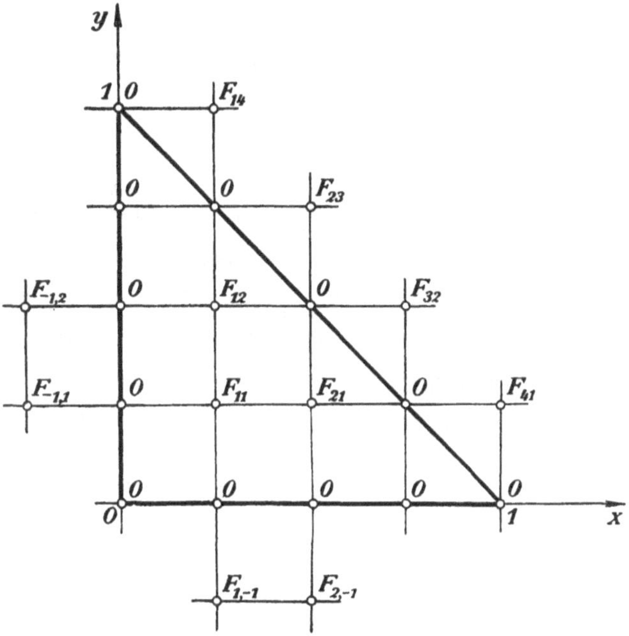

Abb. 10.

I. Das Differenzenverfahren erster Annäherung wird verwendet; die Maschenweite sei $h = \frac{1}{4}$. Wird Δz durch den ersten finiten Ausdruck von **120** ersetzt, dann wird aus (*)

$$(**)\quad \frac{1}{h^2}(F_{\mu+1,\nu} + F_{\mu,\nu+1} + F_{\mu-1,\nu} + F_{\mu,\nu-1} - 4F_{\mu,\nu}) + \lambda F_{\mu,\nu} = 0.$$

Wird diese Gleichung für die drei inneren Gitterpunkte $(\mu, \nu) = (1{,}1)$, $(1{,}2)$, $(2{,}1)$ aufgeschrieben, so ergibt sich

$$\begin{cases} \frac{1}{h^2}(F_{21} + F_{12} + \;\;0 + \;\;0 - 4F_{11}) + \lambda F_{11} = 0, \\ \frac{1}{h^2}(0 \;+\; 0 + \;\;0 + F_{11} - 4F_{12}) + \lambda F_{12} = 0, \\ \frac{1}{h^2}(0 \;+\; 0 + F_{11} + \;\;0 - 4F_{21}) + \lambda F_{21} = 0 \end{cases}$$

oder mit $\sigma = \lambda h^2 - 4$

$$\begin{cases} \sigma F_{11} + F_{12} + F_{21} = 0, \\ F_{11} + \sigma F_{12} = 0, \\ F_{11} + \sigma F_{21} = 0. \end{cases}$$

Damit dieses Gleichungssystem eine nichttriviale Lösung hat, muß die Determinante des Systems verschwinden. Dies gibt eine kubische Gleichung für σ; deren Wurzeln sind $\sigma = -\sqrt{2},\ 0,\ +\sqrt{2}$. Daraus ergeben sich als erste Annäherung für die ersten drei Eigenwerte

$$\lambda = 41{,}37\,, \qquad 64\,, \qquad 86{,}63\,.$$

II. Das Differenzenverfahren zweiter Annäherung wird verwendet; die Maschenweite sei wieder $h = \frac{1}{4}$. Wird Δz durch den zweiten finiten Ausdruck von **120** ersetzt, dann wird aus (*)

$$(\dagger)\quad \begin{cases} \frac{1}{12h^2}[-(F_{\mu+2,\nu} + F_{\mu,\nu+2} + F_{\mu-2,\nu} + F_{\mu,\nu-2}) \\ + 16(F_{\mu+1,\nu} + F_{\mu,\nu+1} + F_{\mu-1,\nu} + F_{\mu,\nu-1}) - 60F_{\mu,\nu}] \\ \qquad\qquad + \lambda F_{\mu,\nu} = 0. \end{cases}$$

Diese Gleichung ist für die drei inneren Gitterpunkte $(\mu, \nu) = (1{,}1)$, $(1{,}2)$, $(2{,}1)$ aufzuschreiben. Da hierzu die unbekannten Werte $F_{-1,1}$, $F_{-1,2}$, $F_{1,-1}$, $F_{2,-1}$ benötigt werden, setzt man Formel (**) des Differenzenverfahrens erster Annäherung für die Punkte $(\mu, \nu) = (0{,}1)$, $(0{,}2)$, $(1{,}0)$, $(2{,}0)$ an und erhält

$$F_{-1,1} = -F_{1,1},\ F_{-1,2} = -F_{1,2},\ F_{1,-1} = -F_{1,1},\ F_{2,-1} = -F_{2,1}.$$

Mit diesen Werten folgt aus (†)

$$\left\{\begin{array}{l}\frac{1}{12h^2}\left[-(-F_{11}-F_{11})+16(F_{12}+F_{21})-60F_{11}\right]+\lambda F_{11}=0,\\ \frac{1}{12h^2}\left[-(-F_{12}-F_{21})+16\cdot F_{11}\qquad -60F_{12}\right]+\lambda F_{12}=0,\\ \frac{1}{12h^2}\left[-(-F_{12}-F_{21})+16\cdot F_{11}\qquad -60F_{21}\right]+\lambda F_{21}=0\end{array}\right.$$

oder mit $\sigma = 12\lambda h^2 - 60$

$$\left\{\begin{array}{l}(\sigma+2)\,F_{11}+\quad 16\,F_{12}+\quad 16\,F_{21}=0,\\ 16\,F_{11}+(\sigma+1)F_{12}+\quad F_{21}=0,\\ 16\,F_{11}+\quad F_{12}+(\sigma+1)\,F_{21}=0.\end{array}\right.$$

Die Determinante dieses Gleichungssystems gleich Null gesetzt, ergibt eine kubische Gleichung; deren Wurzeln sind

$$\sigma = -24{,}63, \quad 0, \quad 20{,}63.$$

Daraus ergibt sich als zweite Annäherung für die ersten drei Eigenwerte

$$\lambda = 47{,}16, \quad 80, \quad 107{,}5.$$

(Die exakten Werte sind $5\pi^2 \approx 49{,}35$, $10\pi^2 \approx 98{,}70$, $13\pi^2 \approx 128{,}3$.) Obwohl man nur drei innere Punkte verwendet hat, hat man doch mit einem Minimum von Rechenarbeit die drei ersten Eigenwerte der Größenordnung nach richtig erhalten.

124. *Hyperbolische Differentialgleichungen.* Vorgelegt sei die Differentialgleichung

$$a(x,y)\frac{\partial^2 z}{\partial x^2} - c(x,y)\frac{\partial^2 z}{\partial y^2} - g(x,y)\cdot z = t(x,y) \tag{6}$$

für die Funktion $z = f(x, y)$. Es sei $a(x, y) > 0$, $c(x, y) > 0$. Die wichtigsten Fälle der Anfangsbedingungen sind folgende:

I) Vorgegeben sind

$$f(x,0) \quad \text{und} \quad \frac{\partial f}{\partial y}(x,0) \quad \text{für} \quad -\infty < x < +\infty. \tag{7}$$

Dann wird das Gitter

$$x_\mu = \mu h, \quad y_\nu = \nu l \quad (\mu, \nu = 0, \pm 1, \pm 2, \ldots) \tag{8}$$

zugrunde gelegt.

II) Vorgegeben sind

$$\left\{\begin{array}{llll} f(x,0) & \text{und} & \frac{\partial f}{\partial y}(x,0) & \text{für} \quad \alpha \leqq x \leqq \beta,\\ f(\alpha,y) & \text{und} & f(\beta,y) & \text{für} \quad y > 0.\end{array}\right. \tag{9}$$

Dann wird das Gitter

$$(10)\quad \begin{cases} x_\mu = \alpha + h\mu, \quad h = \dfrac{\beta - \alpha}{n} & (\mu = 0, 1, 2, \ldots, n), \\ y_\nu = \nu l & (\nu = 0, 1, 2, \ldots) \end{cases}$$

zugrunde gelegt.

Der Gl. (6) entspricht die finite Gleichung erster Annäherung

$$(11)\quad \begin{cases} \dfrac{a_{\mu,\nu}}{h^2}(F_{\mu+1,\nu} - 2F_{\mu,\nu} + F_{\mu-1,\nu}) \\ \quad - \dfrac{c_{\mu,\nu}}{l^2}(F_{\mu,\nu+1} - 2F_{\mu,\nu} + F_{\mu,\nu-1}) - g_{\mu,\nu}F_{\mu,\nu} = t_{\mu,\nu}. \end{cases}$$

Für die durch die *Spezialisierung* $a(x, y) \equiv 1$, $c(x, y) \equiv 1$, $g(x, y) \equiv 0$ aus (6) hervorgehende Differentialgleichung

$$(12)\quad \frac{\partial^2 z}{\partial x^2} - \frac{\partial^2 z}{\partial y^2} = t(x, y)$$

lautet die finite Gleichung, wenn $h = l$ angenommen wird,

$$(13)\quad (F_{\mu,\nu+1} - F_{\mu+1,\nu}) - (F_{\mu-1,\nu} - F_{\mu,\nu-1}) = -h^2 t_{\mu,\nu}.$$

Die Anfangsbedingungen I besagen, daß

$$(14)\quad \begin{cases} F_{\mu,0} = f(\mu h, 0) \equiv f_{\mu,0} \quad (\mu = 0, \pm 1, \pm 2, \ldots) \\ \dfrac{F_{\mu,1} - F_{\mu,-1}}{2h} = \dfrac{\partial f}{\partial y}(\mu h, 0) \equiv \left(\dfrac{\partial f}{\partial y}\right)_{\mu,0} \\ \qquad (\mu = 0, \pm 1, \pm 2, \ldots) \end{cases}$$

gegeben sind. $F_{\mu,-1}$ kann aus der zweiten Gl. (14) und der für $\nu = 0$ aufgeschriebenen Gl. (13) eliminiert werden. Es folgt

$$(15)\quad F_{\mu,1} = \frac{1}{2}(F_{\mu-1,0} + F_{\mu+1,0}) + h\left(\frac{\partial f}{\partial y}\right)_{\mu,0} - \frac{1}{2}h^2 t_{\mu,0}.$$

Hieraus können also alle auf der Geraden $y = h$ liegenden $F_{\mu,\nu}$ berechnet werden. In gleicher Weise werden die auf den Geraden $y = 2h$, $y = 3h, \ldots$ liegenden $F_{\mu,\nu}$ gefunden.

Fehlerabschätzung: L. Collatz, Schr. d. Math. Sem. u. d. Inst. f. angew. Math. a. d. Univ. Berlin **3**, 1935, S. 1—34.

125. *Parabolische Differentialgleichungen.* Vorgelegt sei die Differentialgleichung

$$(16)\qquad \frac{\partial^2 z}{\partial x^2} - k\frac{\partial z}{\partial y} = t(x, y)$$

für die Funktion $z = f(x, y)$. Dabei ist k eine positive Konstante. Die wichtigsten Anfangsbedingungen sind folgende:

I) Vorgegeben ist

$$(17)\qquad f(x, 0) \qquad \text{für } -\infty < x < +\infty.$$

Dann wird das Gitter

$$(18)\qquad x_\mu = \mu h,\quad y_\nu = \tfrac{1}{2}k \cdot \nu h^2 \quad (\mu, \nu = 0, \pm 1, \pm 2, \ldots)$$

zugrunde gelegt.

II) Vorgegeben sind

$$(19)\qquad \begin{cases} f(x, 0, & \text{für } \alpha \leqq x \leqq \beta, \\ f(\alpha, y) \text{ und } f(\beta, y) & \text{für } y > 0. \end{cases}$$

Dann wird das Gitter

$$(20)\qquad \begin{cases} x_\mu = \alpha + h\mu, & h = \dfrac{\beta - \alpha}{n} & (\mu = 0, 1, 2, \ldots, n), \\ y_\nu = \nu l, & l = \tfrac{1}{2} kh^2 & (\nu = 0, 1, 2, \ldots) \end{cases}$$

zugrunde gelegt.

Der Gl. (16) entspricht die finite Gleichung

$$(21)\qquad F_{\mu,\nu+1} = \tfrac{1}{2}(F_{\mu+1,\nu} + F_{\mu-1,\nu}) - \tfrac{1}{2} h^2 t_{\mu,\nu}.$$

Zu beachten ist, daß bei Maschenverfeinerung h und l nicht proportional verkleinert werden.

Fehlerabschätzung: L. Collatz, a. a. O.

Randwertprobleme gewöhnlicher und partieller Differentialgleichungen, die sich in ein Variationsproblem umformen lassen, können nach dem *Ritzschen Verfahren* behandelt werden. Die Behandlung dieses Verfahrens überschreitet den Rahmen einer Formelsammlung.

Literatur zu Abschn. VII:

A. A. Bennett, W. E. Milne, H. Bateman, Numerical Integration of differential equations, Bull. Nat. Research Council Nr. 92, Washington 1933. (enthält sehr ausführliche Literaturangaben).

L. Collatz, Das Differenzenverfahren mit höherer Approximation für

lineare Differentialgleichungen, Schr. d. math. Sem. u. d. Inst. f. ang. Math. d. Univ. Berlin, 3, 1935, S. 1—34.
L. Collatz, Über das Differenzenverfahren bei Anfangswertproblemen partieller Differentialgleichungen, Ztschr. f. ang. Math. u. Mech. 16, 1936, S. 239—247.
L. Collatz, R. Zurmühl, Beiträge zu den Interpolationsverfahren zur, numerischen Integration von Differentialgleichungen 1. und 2. Ordnung Ztschr. f. ang. Math. u. Mech. 22, 1942, S. 42—55.
E. J. Nyström, Über die numerische Integration von Differentialgleichungen. Acta Soc. Scient. Fenn. 50, Nr. 13, 1925.
C. Runge u. Fr. A. Willers, Numerische und graphische Quadratur und Integration gewöhnlicher und partieller Differentialgleichungen, in „Encykl. d. math. Wiss. Bd. II, Teil III, Heft 2".
H. v. Sanden, Praxis der Differentialgleichungen, 2. Aufl., Berlin 1944.
Fr. A. Willers, Numerische Integration (Sammlung Göschen Bd. 864), Berlin und Leipzig 1923.

Literatur.

Literatur über spezielle Gebiete ist am Ende der Abschnitte und Paragraphen angeführt.

I. *Lehrbücher.*

O. Biermann, Vorlesungen über mathematische Näherungsmethoden, Braunschweig 1905.
H. Bruns, Grundlinien des wissenschaftlichen Rechnens, Leipzig 1900.
M. Lindow, Numerische Infinitesimalrechnung, Berlin und Bonn 1928.
J. Lüroth, Vorlesungen über numerisches Rechnen, Leipzig 1900.
C. Runge und H. König, Vorlesungen über numerisches Rechnen, Berlin 1924.
H. v. Sanden, Praktische Analysis, 2. Aufl., Leipzig und Berlin 1923.
H. v. Sanden, Mathematisches Praktikum I, Leipzig und Berlin 1927.
P. Werkmeister, Praktisches Zahlenrechnen, 3. Aufl. (Sammlung Göschen Bd. 405), Berlin 1943.
E. T. Whittaker and G. Robinson, The calculus of observations, London 1924.
Fr. A. Willers, Methoden der praktischen Analysis, 2. Aufl., Berlin 1945.

II. *Tafelwerke.*

a) *Rechentafeln.*

P. Barlow, Tables of squares, cubes, square roots, cube roots and reciprocals (3. ed. by L. J. Comrie). London 1930.
A. L. Crelle, Rechentafeln (hrsg. v. O. Seeliger), Berlin 1944.
J. Peters, Neue Rechentafeln. Berlin und Leipzig 1909.
H. Zimmermann, Rechentafeln, Berlin 1907.

b) *Tafeln höherer mathematischer Funktionen.*

(Die meisten der genannten Tafeln enthalten auch Formeln. Auf die Nennung von Logarithmentafeln wird verzichtet).
H. T. Davis, Tables of the higher mathematical functions, Vol. I and II, Bloomington (Indiana) 1933, 1935.
K. Hayashi, Fünfstellige Tafeln der Kreis- und Hyperbelfunktionen sowie der Funktionen e^x und e^{-x}, Berlin 1944.
K. Hayashi, Fünfstellige Funktionentafeln (Kreis-, zyklometrische, Exponential-, Hyperbel-, Kugel-, Besselsche, elliptische Funktionen,

Thetanullwerte, natürlicher Logaritl mus, Gammafunktion, Zahlenwerte), Berlin 1930.

K. Hayashi, Sieben- und mehrstellige Tafeln der Kreis- und Hyperbelfunktionen und deren Produkte sowie der Gammafunktion, Berlin 1926.

K. Hayashi, Tafeln der Besselschen, Theta-, Kugel- und anderer Funktionen, Berlin 1930.

K. Hayashi, Tafeln für die Differenzenrechnung sowie die Hyperbel-, Besselschen, elliptischen und andere Funktionen, Berlin 1933.

E. Jahnke und F. Emde, Funktionentafeln mit Formeln und Kurven, 3. Aufl., Leipzig und Berlin 1938.

A. M. Legendre, Tafeln der elliptischen Normalintegrale (hersg. v. F. Emde), Stuttgart 1931.

Mathematical tables, ed. by the British Association for the advancement of sciences, Vol. I ff., London 1931 ff.

L. M. Milne-Thomson, Die elliptischen Funktionen von Jacobi, Berlin 1931.

L. M. Milne-Thomson and L. J. Comrie, Standard four-figure mathematical tables, London 1931.

Tracts for computers (ed. by K. Pearson), Vol. I ff., Cambridge 1919 ff. Insbesondere seien daraus genannt:

Vol. II, III: K. Pearson, On the construction of tables and on interpolation, Part. 1: Uni-variate tables, Part. 2: Bi-variate tables.

Vol. V: A. J. Thompson, Table of the coefficients of Everett's central-difference interpolation formula.

Vol. VI: E. C. Rhodes, Smoothing.

Vol. X: J. O. Irwin, On quadrature and cubature.

Ferner sei hingewiesen auf:

Verzeichnis berechneter Funktionentafeln, Bd. I: Besselsche, elliptische und Kugelfunktionen, Berlin 1927 (VDI-Verlag).

III. *Formelsammlungen.*

(Die meisten enthalten auch Zahlentafeln).

O. Th. Bürklen und F. Ringleb, Mathematische Formelsammlung, 5. Aufl. (Sammlung Göschen Bd. 51), Berlin 1945.

J. Hoüel, Recueil de formules et de tables numériques, 3. éd., Paris 1901.

„Hütte", Des Ingenieurs Taschenbuch I, 26. Aufl., Berlin 1931.

B. O. Peirce, A short table of integrals, 3. ed., Boston, New York etc. 1929.

L. Potin, Formules et tables numériques, Paris 1925.

R. Rothe, Höhere Mathematik, Teil IV, 7. Heft. Zusammenstellung der Formeln und Lehrsätze, Leipzig u. Berlin 1943.

Smithsonian mathematical formulae and tables of elliptic functions (ed. by E. P. Adams and C. R. L. Hippisley), Washington 1922.

Sachregister.